Survival-Kit für Projekte

Überlebensstrategien
für Projektleiter

Cornelia Wüst

1. Auflage

HAUFE.

Inhalt

Vorwort

Führungskräfte durchlaufen in der Regel eine Reihe von Weiterbildungen rund um die Themen Teambildung, Führen, Komplexitäts-, Konflikt- und Stressmanagement etc. Bei Projektleitern werden diese Kompetenzen meist schlicht vorausgesetzt. Dabei müssen sie sich im Vergleich zu den »klassischen« Führungskräften mit deren disziplinarischen Möglichkeiten viel größeren Herausforderungen stellen. Menschen unterschiedlichstem Charakters und Typs oft über Jahre hinweg zu Höchstleistungen zu bringen und auf ein gemeinsames Ziel auszurichten, das meist auch noch strategische Bedeutung für das Unternehmen hat, ist wahrlich eine Meisterleistung. Es erfordert sehr viel Fingerspitzengefühl, mit unterschiedlichsten Stakeholdern professionell zu kommunizieren. Die Unsicherheiten und der ständige Druck von allen Seiten lassen so manchen im Projekt an seine Grenzen kommen.

Dieser TaschenGuide zeigt Ihnen Methoden und Techniken, die Sie dabei unterstützen, sich und Ihr Team wohlbehalten durch den Projektdschungel zu leiten. Sie erfahren, wie es gelingt, Projekte nicht nur zu überleben, sondern sie erfolgreich abzuschließen und als Karrieresprungbrett zu nutzen. Das Führen ohne Macht ist zwar eine große Herausforderung. Mit den richtigen Werkzeugen ist es jedoch sehr gut zu meistern. Besonders wertvolle Instrumente werden Ihnen in diesem Büchlein begegnen.

Viel Spaß beim Lesen und Erfahren!

Ihre Cornelia Wüst

Überleben im Projekt-dschungel, geht das?

Projektmanagement bedeutet, eine Aufgabe systematisch zu lösen. Soweit die Theorie. Doch wie sieht der Alltag eines Projektmanagers wirklich aus? Ist er der Macher, der stets alles im Griff hat und steuert, oder eher der Trouble-shooter und Feuerwehrmann?

In diesem Kapitel erfahren Sie u.a., warum

- die Projektwelt immer komplexer wird,
- es keinen perfekten Projektplan gibt,
- es so schwer ist, klar und transparent zu kommunizieren,
- Resilienz die Rettung aus diesen Dilemmata ist.

Es ist komplex: steigende Anforderungen in den Projekten

Projekte sind die Arbeitsweise der Zukunft – und das nicht ohne Grund. Es gibt kein Unternehmen mehr, das alleine für sich arbeitet. Stattdessen sind heute unternehmensübergreifende, internationale Kooperationen ebenso Standard wie eine Zusammenarbeit verschiedener Standorte und Abteilungen. Projekte, die früher die Ausnahme waren, sind jetzt üblich in jeder Organisation. Dies stellt natürlich auch Anforderungen an unsere Arbeitsweise. Denn wenn Kollegen, mit denen man eine Aufgabe lösen soll, nicht im Raum nebenan, sondern in einem anderen Land, vielleicht sogar in einer anderen Zeitzone arbeiten, muss ein gemeinsames Verständnis für die Aufgabe und den Lösungsweg, aber auch für die Qualität und vieles mehr sichergestellt werden. Projektteams organisieren sich fern der gewohnten Matrix weitgehend selbst.

Gerade die laterale Führung unterscheidet sich in Motivation, Kooperation und Entscheidungsfindung von der hierarchischen Führung in der Linienorganisation. Soft-Skill-Kompetenzen sind dabei weitaus mehr gefragt als Fachliches. Das fordert wiederum ausgeprägte Kommunikations- und Konfliktkompetenzen. Im internationalen Kontext geht es hier unter anderem um Sprachbarrieren und unterschiedliche Kommunikationskultur.

Auch wenn Projektarbeit immer mehr unsere Arbeitswelt bestimmt, ist noch lange nicht jede Aufgabe ein Projekt. Folgende Kriterien müssen dazu erfüllt sein: eine komplexe, neuartige Aufgabenstellung, messbare Ziele und Ergebnisse, eine zeitliche Befristung (Anfang und Ende) sowie begrenzte Ressourcen (finanziell, personell, sachlich) und die Notwendigkeit der Teamarbeit.

Die Herausforderungen unserer Zeit

Unsere Wirtschaft ist heute komplexer denn je, ebenso wie unsere Produkte. Wer heute etwas entwickeln und ein Produkt herstellen möchte, muss viele Details berücksichtigen, die unterschiedlichsten Vorschriften kennen, das Produkt aus den Augen des Kunden betrachten und den Markt beobachten. Besonders eindrucksvoll lässt sich dies am Beispiel Pkw zeigen.

BEISPIEL

Das Lieblingsprodukt der Deutschen besteht aus bis zu 10.000 Teilen – angefangen vom Auspuff bis zur Zündung –, die an unterschiedlichsten Orten hergestellt, an verschiedenen Standorten teilweise zusammengefügt und schließlich in einem Werk zu einem Pkw werden. Allein diese Vielfalt stellt Entwickler, Einkäufer, Produktion, Logistik und die weiteren beteiligten Unternehmensbereiche vor große Herausforderungen. Schließlich muss bei diesem Puzzle aus 10.000 Teilen am Ende alles perfekt zusammenpassen – optisch und technisch. Da darf nichts wackeln, nichts aus dem Rahmen fallen. Qualität und Sicherheit gehen über alles.

Doch damit nicht genug. Dazu kommen die vielen Vorschriften, die es zu beachten gilt, z.B. zu den Abgasen, die ein Pkw ausstoßen darf, aber auch für Scheinwerfer, Rückstrahler, die Verankerung der Sicherheitsgurte und, und, und. Seit Ende der 1950er Jahre werden diese Vorschriften auf internationaler Ebene harmonisiert, damit die Fahrzeuge und deren Zubehör über die Grenzen hinweg leichter gehandelt werden können. Neben den notwendigen neuen technischen Entwicklungen hat das auch eine stetige Anpassung der Teile an neue Vorgaben durch die Gerichte zur Folge. Wer kann angesichts dieser Komplexität schon alleine den Überblick behalten?

Anspruchsvolle Koordination – schwierige Märkte

Was für Autos gilt, trifft auch auf andere Produkte zu – auch wenn sie nicht so komplex sind. Trotzdem sind bei Waschmaschinen, Smartphones, Computern, selbst an Convenience-Produkten, wie beispielsweise einem Fertiggericht mit Nudeln, zahlreiche Menschen an unterschiedlichsten Orten beteiligt. Sie alle bringen ihr Wissen, ihre Fachkenntnisse mit ein – als Voraussetzung dafür, dass aus verschiedenen Teilen ein gutes und durchdachtes Produkt wird. Allein deren Koordination ist eine Aufgabe, die vielseitig kompetente Projektleiter benötigt.

Zusätzlich werden in jedem Bereich unzählige Anforderungen an Produkte gestellt, die alle berücksichtigt werden müssen – angefangen bei den Erwartungen der Verbraucher an das Produkt über die Einhaltung gesetzlicher Rahmenbedingungen sowie die Voraussetzungen für günstige Einkaufsoptionen und störungsfreie Prozesse bis hin zur Entsorgung bzw. Weiterführung des beschädigten oder nicht mehr genutzten Produktes im Wertstoffkreislauf. Dies alles muss in der Regel auf unterschiedliche Märkte abgestimmt werden, die sich mindestens hinsichtlich der Käufererwartung und der gesetzlichen Rahmenbedingungen unterscheiden, aber häufig sogar noch in vielen weiteren Facetten.

All diese Faktoren müssen von der Idee bis zum fertigen bzw. weiterentwickelten Produkt bedacht werden – alles in allem große Herausforderungen an das Projektmanagement.

Erschwerend kommt hinzu, dass es kaum ein Produkt gibt, das keine Konkurrenz fürchten müsste. Der Wettbewerb um die Gunst der Kunden wirkt sich natürlich auch auf Neu- und Weiterentwicklungen aus – und damit auf das Projektmanagement.

BEISPIEL

> Das Unternehmen Knorr-Bremse ist bekannt für den weltweiten Vertrieb von Komponenten für Brems- und Steuersysteme, die in Nutzfahrzeugen verbaut werden. Obwohl das Unternehmen zu den Marktführern zählt, ist der Wettbewerb deutlich zu spüren, unter anderem, weil der europäische Nutzfahrzeugmarkt quasi stagniert. Deshalb sollen künftig Produkte entwickelt werden, die stärker als bisher auf die regionalen Besonderheiten der Märkte anpassbar sind, ohne dass an den hohen Anforderungen an Technik, Qualität und Sicherheit Abstriche gemacht werden. Realisiert werden kann dies nur durch ein interdisziplinäres Projektteam, das über Ländergrenzen hinaus miteinander arbeitet.

Herausforderung: interdisziplinäre und internationale Zusammenarbeit

Aber nicht nur gesetzliche oder marktwirtschaftliche Rahmenbedingungen und enge Projektvorgaben sind Herausforderungen für Projekte. Eine der wichtigsten Aufgaben im Projektmanagement ist vielmehr die soziale Architektur. Projektarbeit führt Menschen mit unterschiedlichstem Wissen, verschiedener Kulturen und Arbeitsweisen zusammen, damit sie gemeinsam ganzheitliche Lösungen für die jeweilige Herausforderung erarbeiten. Unternehmen profitieren dabei von dem interdisziplinären Wissen und dem Erfahrungsschatz des Einzelnen.

Wie bei Knorr-Bremse wird die länderübergreifende Zusammenarbeit dabei immer häufiger zum Regelfall. Dies stellt weitere Anforderungen an den Projektleiter. Er muss bei seiner Planung und Kommunikation nicht nur verschiedene Zeitzonen, sondern auch Sprachbarrieren und kulturelle Unterschiede berücksichtigen. Eine weitere Herausforderung ist das oft unterschiedliche Verständnis über Projektmanagement an den Standorten – ein Phänomen, das bereits abteilungsübergreifend innerhalb eines Unternehmensstandorts auftreten kann.

Klassische Anforderungen

Neben all diesen Herausforderungen gibt es im Projektmanagement Faktoren, die für alle Projekte allgemeingültig sind, und die immer beachtet werden müssen: Innerhalb einer möglichst kurzen Zeit (Termin) soll mit einem möglichst geringen und vorgegebenen Aufwand (Mitteleinsatz/Kosten) eine größtmögliche Zielerreichung (Qualität) erreicht werden – und dies mit möglichst wenig Reibungsverlusten (Team).

Termin, Mitteleinsatz/Kosten und Qualität bilden dabei das »Magische Dreieck« des Projektmanagements, in dem Projektleiter die Balance halten müssen. Auch dies stellt besondere

Anforderungen an das Projektmanagement und an den Projektleiter selbst.

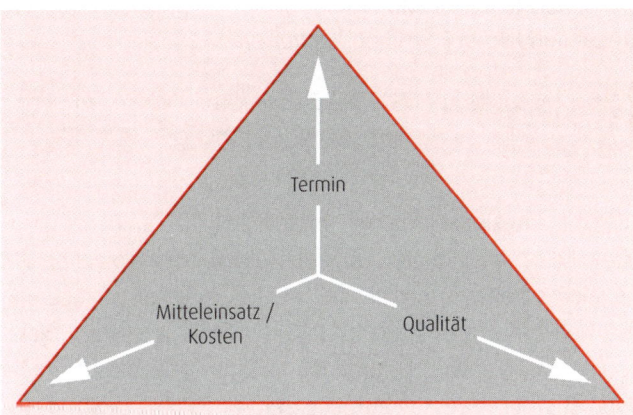

Das Magische Dreieck des Projektmanagements

Lässt man all dies auf sich wirken, wird es offensichtlich: Individuelle Überforderung und Stress sind bei Projektleitern nahezu vorprogrammiert.

Projektmanagement ist kein Selbstläufer

Um schnell und innovativ auf Änderungen reagieren zu können und damit wettbewerbsfähig zu bleiben, müssen sich Unternehmen von starren, unflexiblen Prozessen verabschieden und ihren Fokus immer mehr auf das Projektmanagement richten. Nur damit gelingt es, lösungsorientiert auf ein konkretes Ziel hinzuarbeiten.

Projektmanagement als die Arbeitsform der Zukunft bietet Methoden und Tools, mit denen Projektleiter nicht nur den Überblick behalten, sondern alle Projekte entsprechend planen, steuern und ihren Fortschritt kontrollieren können.

> Unter Projektmanagement verstehen wir die Koordination und Steuerung aller Elemente, die dazu beitragen, das Projektziel zu erreichen.

Die Crux: Projektmanagement ist kein Selbstläufer. Diese Tatsache wird oft übersehen. Das ist der Grund, weshalb zahlreiche Projekte scheitern oder nur mit großer zeitlicher Verzögerung realisiert werden. Insgesamt scheitert jedes sechste Projekt. Zu diesem Ergebnis kommt die 2015 veröffentlichte Studie »Von starren Prozessen zu agilen Projekten«, die vom Personaldienstleister Hays in Zusammenarbeit mit der Pierre Audoin Consultants (PAC) GmbH durchgeführt wurde. Konkret werden darin drei Gründe für das Scheitern genannt:

- unrealistische Projektplanung (72 %),

- fehlende wichtige Entscheidungen (67 %) und

- mangelnde Kooperation zwischen den Fachbereichen (64 %).

Nicht zuletzt deshalb schrecken viele Menschen davor zurück, die Verantwortung für ein Projekt zu übernehmen. Dabei muss das gar nicht sein, denn wer es richtig anpackt, wird mit der Verantwortung wachsen und im optimalen Fall die Karriereleiter weiter hinaufsteigen. Stressfrei durch ein Projekt zu kommen, ist eine Frage des Handwerks, der Einstellung und des persönlichen Führungsstils – und kein Hexenwerk.

Die Fallstricke des Projektmanagements

Die Hauptgründe, warum Projekte scheitern, haben Sie gerade kennengelernt. Wo liegen aber nun ganz konkret die Stolpersteine des Projektmanagements? Zu den wichtigsten Fallstricken, die Projektleitern zum Verhängnis werden, gehören zu hochgesteckte Ziele sowie unklare Verantwortlichkeiten und Kommunikationsprobleme an den internen und externen Schnittstellen. Verstärkt werden diese Faktoren durch die Unsicherheit der Mitarbeiter bei Change-Prozessen und die Angst vor den Konsequenzen eines gescheiterten Projektes. Fehlendes Durchsetzungsvermögen des Projektleiters und sich ständig ändernde Rahmenbedingungen bringen das Projektteam häufig an seine Grenze. Dass Projekte dabei in der Regel zusätzlich zu den »normalen« Aufgaben bewältigt werden müssen, macht es nicht einfacher.

Die Grundpfeiler erfolgreicher Projektarbeit

Dieser Komplexität begegnet man am besten mit Systematik, wie sie dem Projektmanagement zu eigen ist. Projektteams stehen dabei eine Reihe bewährter Methoden und Tools zur Verfügung. Doch Projektmanagement ist noch viel mehr. Es ist ein eigenständiges Führungskonzept, das speziell für zeitlich begrenzte Vorhaben mit hohem Erwartungsdruck konzipiert wurde. Methoden und Tools sind dabei nichts weiter als Hilfsmittel, die Projektleiter unterstützen. Dies gelingt aber nur dann, wenn die Herangehensweise stimmt.

Die Grundpfeiler erfolgreicher Projektarbeit

- Der Auftrag – also das Projektziel – muss klar definiert sein.
- Basierend auf den Aufgaben und der Zeit, die dafür zur Verfügung steht, werden die benötigten Mittel kalkuliert – dazu gehört auch die Anzahl der Projektmitarbeiter.
- Auf Basis der Aufgaben sowie der Zeit- und Budgetvorgaben wird ein Projektplan erstellt. Darin wird festgehalten, was bis wann von wem erarbeitet wird.
- Für das Projekt werden passende Tools ausgewählt. Diese reichen von Teammeetings über Projektpläne bis hin zu geeigneter Software.
- Ohne Unterstützung kein erfolgreiches Projekt – dies gilt sowohl hinsichtlich der Geschäftsführung als auch des Projektteams. Vor dem Start ist es unverzichtbar, sich die Unterstützung aller Stakeholder zu sichern.
- Ohne Kommunikation kein Projekt. Definieren Sie deshalb klare Kommunikationsregeln und legen Sie entsprechende Maßnahmen fest. Nur so erhalten Sie alle wichtigen Informationen – und Ihr Team weiß, was Sie von ihm erwarten.

Im Mittelpunkt: die Anforderungen des Kunden

Es gibt noch weitere Aspekte, die Projektarbeit komplex und mitunter auch unberechenbar machen. Ein wichtiger Faktor dabei ist die Kundenorientierung. Projekte entstehen nicht aus dem Nichts, sie existieren nicht um ihrer selbst willen – sie dienen immer einem bestimmten Zweck. Dies kann ein neues Produkt sein, mit dem Ihr Unternehmen den Turnaround schafft oder eine Nische besetzt. Vielleicht sollen aber auch Produkte, die für unterschiedliche Märkte entwickelt wurden, so standardisiert werden, dass die Modifikationen reduziert und die Prozesse damit verschlankt werden können (Modulstrategie). So oder so: Bei jedem Projekt gibt es einen Kunden, um den es geht. Seine Anforderungen sollten im Mittelpunkt stehen.

Im Alltag sehr viel präsenter sind jedoch die Anforderungen und Erwartungen der Projektmitarbeiter und der Auftraggeber. Hier prallen unterschiedlichste Interessen und Erwartungen auf den Projektmanager ein, die er im Hinblick auf das Projektziel, die zur Verfügung stehenden Mittel und die angestrebte Qualität abwägen muss. Je größer das Team und je umfassender das Projekt, umso schwieriger ist diese Aufgabe. Denn jedes Team ist ein komplexes soziales System, das sich speziell für dieses Projekt zusammengefunden hat.

Die Teammitglieder werden aus unterschiedlichsten Gründen ausgewählt. Freie Kapazitäten spielen dabei ebenso eine Rolle wie das Wissen, das für die erfolgreiche Projektarbeit benötigt wird. Gelingt es dem Projektleiter, die Gesamtaufgabe in überschaubare Teilaufgaben zu zerlegen, kann gezielt nach Mitstreitern gesucht werden, die das erforderliche Wissen beisteuern können.

Stehen diese Rahmenbedingungen, fängt das Abenteuer Projektarbeit erst richtig an – und mit ihm alle Unsicherheiten, die für ein Projekt so typisch sind.

Perfekte Pläne gibt es nicht

Die Projektaufgabe ist klar definiert, Zeit und Budget sind vorgegeben, die Meilensteine sind definiert und alles ist im Projektplan fixiert. Natürlich haben Sie Puffer eingebaut – zeitlich und personell. Eigentlich kann jetzt nichts mehr schiefgehen – oder doch?

Es kann. Gründlich sogar. Vielleicht, weil Ihnen der nötige Rückhalt bei wichtigen Stakeholdern in der Organisation fehlt und deshalb das Projekt – bewusst oder unbewusst – boykottiert wird. Vielleicht, weil sich die Rahmenbedingungen ändern. Neue Gesetze oder Marktanalysen können Vorgaben von heute auf morgen obsolet machen oder zu vollkommen neuen Vorgaben führen. Und dies mitten in der Projektarbeit.

Gerade bei Projekten, deren umfassende Problemstellung sich erst im Laufe der Umsetzung offenbart oder die in einem agilen Umfeld realisiert werden sollen, ist Flexibilität gefragt und zum Teil auch schnelles Entscheiden und Handeln.

Aber auch wenn das Ziel und der Weg dorthin in einem Projekt klar vorgegeben sind, ist der wahrscheinlichste Fall, dass es nicht nach Plan laufen wird. Dafür sind die Projekte zu komplex, die Teilprojekte viel zu sehr miteinander verzahnt und der Faktor Mensch letztlich zu unbedeutend. Ein Erdbeben in Japan, ein Vulkanausbruch in Finnland oder schlicht und ergreifend die Urlaubszeit oder eine Grippewelle – all das kann sich im Zweifel auf Ihr Projekt auswirken und Ihre Planung durcheinanderbringen.

Wie Sie dennoch erfolgreich sein können

Halten wir also fest: Jeder Plan ist nur Theorie. Wenn Sie sich dies von Anfang an klarmachen und Ihre Planung als roten Faden verstehen – als nicht mehr und als nicht weniger –, haben Sie die beste Voraussetzung für ein stressfreies Projektmanagement geschaffen. Aber wie gehen Sie nun konkret vor, um das in die Projektpraxis umzusetzen? Hier einige Tipps:

- Rechnen Sie von Anfang an mit Anpassungen. Überprüfen Sie Ihren Plan in regelmäßigen Abständen, stellen Sie ihn infrage – auch dann, wenn scheinbar alles perfekt läuft.

- Besondere Herausforderungen stellen agile Projekte an Sie. Hier geht es nicht nur um notwendige Anpassungen – hinterfragt werden muss auch die Relevanz der erreichten Teilziele. Haben sich die Anforderungen so geändert, dass deren Ergebnisse verworfen werden müssen? Müssen neue Meilensteine definiert werden? Sollen neue Teilaufgaben vergeben werden? Und wenn ja, an wen? Wird neues Wissen benötig, müssen eventuell die personellen Ressourcen aufgestockt werden.

- Schauen Sie kritisch auf die Zusammenarbeit im Team. Haben Sie immer alle Informationen, die Sie benötigen, um Entscheidungen zu treffen? Spricht Ihr Team offen und aus eigenen Stücken über Probleme? Haben Sie den Überblick und vor allem auch die Unterstützung, die Sie brauchen?

- Identifiziert sich Ihr Team mit den Projektzielen? Wie steht es um den Teamspirit?

Projektmanagement fordert den Projektleiter auf eine ganz spezielle Weise. Nichts ist sicher, nichts wirklich planbar. Egal, wie sorgfältig und umsichtig man es macht: Der Projektplan ist nie perfekt. Er kann es auch nicht sein – schließlich ändert sich immer mal wieder ein Detail, und sei es auch noch so klein.

> Um Missverständnissen vorzubeugen: Natürlich muss es einen Plan geben, um trotz aller Unsicherheiten möglichst systematisch zum Erfolg zu kommen. Denn ohne Projektplan läuft nichts in geregelten Bahnen. Er gibt allen Beteiligten Orientierung und zeigt, wie weit das Projekt fortgeschritten ist, wo es hakt und wo sich Probleme auftun.

Überleben in dynamischen Projekten

Vor allem dynamische Projekte wie beispielsweise die Entwicklung von Software und Apps oder neuer Produkte wie Smartphones, sind für die Projektleiter Stress pur. Denn anders als in klassischen Projekten, bei denen es ausschließlich um die Lösung geht, muss hier zudem der Weg dorthin gefunden werden. Dabei muss der Projektleiter aufgrund der ständig neuen Rahmenbedingungen und Informationen sämtliche Entscheidungen und Lösungswege genauso regelmäßig infrage stellen wie bereits vorhandene Teillösungen. Gleichzeitig muss er dafür sorgen, dass das Team motiviert weitermacht. Anders bei klassischen Projekten: Hier gibt es zumindest einen groben Fahrplan, der aber auch immer wieder überdacht und geprüft werden muss.

Für Projektleiter bedeutet dies häufig viel, viel Arbeit. Sie müssen

- entscheiden, wie es mit dem Projekt weitergeht,
- den Projektplan anpassen,
- die Änderungen innerhalb des Teams kommunizieren und sicherstellen, dass die Änderungen verstanden, akzeptiert und umgesetzt werden.
- mit dem Auftraggeber kommunizieren, um beispielsweise Planabweichungen zu besprechen. Änderungen bei der Fertigstellung des Projektes, dem Budget oder auch der Teamzusammenstellung benötigen möglicherweise die Zustimmung des Auftraggebers oder anderer Stakeholder innerhalb oder außerhalb des eigenen Unternehmens.

Ohne Projektcontrolling geht es nicht

Gleichzeitig gilt es, den Gesamtüberblick zu bewahren. Vor allem in unklaren Situationen ist das keine einfache Aufgabe, zumal Sie als Projektleiter auf Informationen aus Ihrem Team angewiesen sind. Nicht zuletzt deshalb ist Projektcontrolling für Sie extrem wichtig. Voraussetzung dafür ist eine fundierte Projektplanung. Denn nur, wenn Teilschritte und Meilensteine definiert worden sind, kann deren Erreichung überwacht werden. Damit dies möglich ist, müssen folgende Bausteine vorliegen:

- gefragt sind eindeutig definierte, messbare, akzeptierte, realistische und terminierte Ziele, also SMART-Ziele,
- eine vollständige Projektplanung,
- Regeln für das gemeinsame Miteinander in der Zusammenarbeit,
- ein durchgängiges Berichtswesen,
- eine konstruktive Fehlerkultur im Team,
- Chancen- und Risikomanagement,
- wirksames Frühwarnsystem.

Sind diese Faktoren gegeben, ist ein Projektcontrolling möglich.

Im Projektcontrolling geht es jedoch nicht allein um harte Fakten, sondern auch um Soft Skills, um qualitative Faktoren. Diese zu erfassen, ist ungleich schwerer als die Abgleichung des Projekterfolgs anhand eingehaltener Termine und Budgets. Beim qualitativen Projektcontrolling geht es um die Qualität der Kommunikationsbeziehungen, die Akzeptanz des Projektes bei allen Beteiligten, die Unterstützung durch das Management sowie die Mitarbeitermotivation. Auch für diese weichen Faktoren gibt es greifbare Indikatoren – beispielsweise Angaben zum Krankenstand oder der Fluktuationsrate im Projekt. Hinzu kommen Informationen aus den Mitarbeitergesprächen und dem Flurfunk. Auch Beobachtungen des Verhaltens der Projektmitarbeiter, das z. B. auf mögliche Konflikte und Kooperationsblockaden hindeutet, fließen mit ein.

Gerade hier kann – sofern Probleme zeitnah erkannt und kommuniziert werden – frühzeitig etwas gegen einen drohenden Projektmisserfolg unternommen werden.

> Als Projektleiter müssen Sie Projekte auch dann erfolgreich führen, wenn sich Probleme abzeichnen. Sorgen Sie deshalb dafür, dass Ihnen jederzeit alle wichtigen Informationen zur Verfügung stehen. Nur dann können Sie entsprechend und frühzeitig agieren.

Stolperstein Kommunikation

Nur weil wir Menschen reden können, bedeutet dies nicht, dass wir alle über hervorragende Kommunikationskompetenz verfügen. Offensichtlich wird diese Tatsache unter anderem in den für Projekte so wichtigen Meetings. Sie sind häufig ineffizient, weil die Anwesenden aneinander vorbeireden oder sich mit Worten in wenig zielführende, nicht enden wollende Diskussionen manövrieren.

Kommunikationsregeln

Erste Abhilfe für ineffiziente Meetings sind eine gute Vorbereitung sowie klare Kommunikationsregeln im Team. Dabei gilt die Regel: so wenig Meetings wie möglich, so viel wie nötig. Statt in einer großen Runde zu tagen, reicht es oft aus, dass Mitarbeiter einen kurzen schriftlichen Statusbericht pro Woche erstellen oder sich mit dem Projektleiter zum persönlichen Austausch treffen.

Da keiner der Mitarbeiter nur für sich arbeitet, sondern jeder auf die Erfolge und das Wissen anderer angewiesen ist, bieten sich zudem gemeinsame Statusbesprechungen an, die in kleineren Teams stattfinden.

Besprechungen sind wichtiger, als es im Projektalltag häufig scheint. Sie dienen sowohl der Informationsvermittlung als auch der Koordination, der Entscheidungsfindung oder der Problemlösung – häufig auch allem gleichzeitig. Allerdings sind Besprechungen auch sehr kostspielig: Ein zweistündiges Meeting von neun Projektmitarbeitern mit einem durchschnittlichen Stundensatz von 80 Euro kostet das Unternehmen 1.440 Euro. Und das ohne Verpflegung, anfallende Spesen etc. Damit werden überflüssige Besprechungen auch für die Unternehmen selbst schnell zu einem Ärgernis.

Für Sie als Projektleiter bedeutet das: Es liegt an Ihnen, die Meetings so durchzuführen, dass sie effizient und effektiv sind. Hier ein paar Tipps, worauf Sie achten sollten:

- Prüfen Sie im Vorfeld, ob ein Meeting wirklich notwendig ist und wer dabei sein sollte. Die Praxis zeigt: Etwa ein Drittel aller Teilnehmer haben nichts beizutragen und sind damit überflüssig.

- Stellen Sie klar, dass die Teilnahme für die Eingeladenen Pflicht ist.

- Bereiten Sie das Meeting richtig vor. Beschaffen Sie z. B. alle notwendigen Unterlagen und Materialien. Schlechte Vorbereitungen schaden der Effizienz und machen Meetings teuer. Verteilen Sie vor dem Meeting eine Agenda mit Zeitplan. Diese sollte neben dem aktuellen Status auch die kommenden (Teil-)Ziele und Maßnahmenkataloge berücksichtigen.

- Halten Sie sich an die Agenda und den Zeitplan. Sorgen Sie für Pünktlichkeit. So stellen Sie sicher, dass Ihre Meetings nicht zu den rund 50 Prozent der Besprechungen gehören, die um mehr als ein Viertel der angesetzten Zeit überzogen werden – und damit alle Beteiligten unter Stress setzen.

- Vermeiden Sie Selbstdarstellungen, Privatgespräche und Abschweifungen vom Thema, indem Sie die Meetings konsequent moderieren.

- Verbannen Sie Smartphones und Laptops, um sich die Aufmerksamkeit der Teilnehmer zu sichern.

- Schaffen Sie Raum für kreative Prozesse. Räumen Sie z. B. ausreichend Zeit für eine innovative Ideensammlung ein.

- Seien Sie flexibel, wenn es nötig ist. Weichen Sie von der Agenda ab, wenn es um neue Antworten und Ideen zu einem Problem geht.

Wenn Sie sich an diese Regeln halten, schaffen Sie die Grundlagen für ein effizientes Meeting.

Meetings zwischen dem Kernteam und Projektleiter sollten regelmäßig stattfinden, um den Informationsfluss zu sichern.

Moderation der Meetings

Eine weitere wichtige Voraussetzung für eine gelungene Besprechung ist die gute Moderation des Meetings. Dabei ist es wichtig, dass der Moderator als Diskussionsleiter inhaltlich eine neutrale Rolle einnimmt. Vor allem bei kritischen Themen sollten Projektleiter deshalb auf externe Unterstützung zurückgreifen. Doch ganz gleich, ob intern oder extern: Der Moderator hat bezogen auf das Meeting grundsätzlich die Methoden- und Prozessverantwortung.

Der Moderator als ...	
Methodenspezialist bringt ein:	**Arbeitsprozessbetreuer achtet auf:**
Methoden und Techniken zur Erfassung von Meinungen und Wertungen sowie zur Entscheidungsfindung	Zielvereinbarungen
Fragetechniken	Strukturierten Ablauf (roter Faden)
Strukturierung und Vorbereitung	Wiederholen und Zusammenfassen
Visualisierung	Meinungsvielfalt und Beteiligung
	Gruppendynamik
Quelle: Tiba Coaching	

Kritisch wird es, wenn ein Moderator von diesen Aufgabenstellungen abweicht und inhaltlich Stellung nimmt oder gar die Diskussion in eine bestimmte Richtung lenkt. Damit provoziert er Demotivation und Trotzreaktionen bei den Teilnehmern.

Wenn bereits im Vorfeld bekannt ist, dass bei den Teilnehmern Widerstände zu erwarten sind, sollte sich der Moderator entsprechend vorbereiten. Als Projektleiter ist dabei Ihre Unterstützung gefragt, schließlich brauchen Sie die Informationen aus dem Team ebenso wie die angestrebten Meeting-Ergebnisse.

Wissenstransfer und -management

Allein die Beschaffung der notwendigen Informationen ist im Projektmanagement ein Thema für sich. Denn obwohl viel über Wissensmanagement und -transfer gesprochen wird, gilt vor allem in Unternehmen immer noch häufig die Devise »Wissen ist Macht«. Wer so denkt, enthält den anderen notwendige Informationen vor, um sich unentbehrlich zu machen. Selbst wenn das nicht der Fall ist, stockt oft der Informationsfluss – denn Kommunikation kostet Zeit. Sie setzt voraus, dass man sich mit den damit verbundenen Aspekten auseinandersetzt, genauer gesagt mit der Frage: Wer braucht wann welche Informationen?

Die fast unlösbaren Aufgaben eines Projektleiters

Projektmanagement ist eine Aufgabe, die zahlreiche Hard Skills und Soft Skills erfordert. Das gilt vor allem für Projektleiter. Im optimalen Fall wird darauf geachtet, dass ein Projektleiter diese

Fähigkeiten mitbringt. In der Realität sieht es jedoch meist ganz anders aus. Hier spielen Punkte wie z.B. die Auslastung des einzelnen Mitarbeiters, das bestehende Netzwerk oder auch die gesammelten Erfahrungen im Projektmanagement eine Rolle. In der Regel geben allerdings fachorientierte Aspekte den Ausschlag für die Entscheidung, wer Projektleiter wird. Denn schließlich soll der Projektleiter die Aufgabe vor allem fachlich lösen können. Wer nicht weiß, worüber gesprochen wird, kann die Aufgabe nicht verstehen – und damit auch keinen Lösungsweg erarbeiten.

Bei all dem wird allerdings immer wieder die Frage vernachlässigt, ob der Projektleiter auch über soziale Kompetenzen verfügt. Dabei sind diese mindestens ebenso wichtig. Denn ein Projektleiter muss nicht nur das Projekt nach vorne bringen. Er muss auch mit Auftraggeber und Kunden verhandeln, Mitarbeiter führen und aus lauter Individualisten ein Team formen. Dazu gehört es, die verschiedenen Projektbeteiligten auf ein Ziel einzuschwören, Konflikte und Streitereien zu lösen, Rollen und Verantwortlichkeiten zu klären und vieles mehr.

Erschwert wird dies dadurch, dass sich die Projektbeteiligten meist nicht auf nur eine Aufgabe konzentrieren können. Sie haben zusätzlich zu ihrer eigentlichen Arbeit noch weitere Projekte und damit weitere Projektleiter, die Aufgaben stellen. Dies steigert die Zahl der Ziele, die Mitarbeiter parallel erreichen sollen. Anders als direkte Vorgesetze haben Projektleiter dabei in der Regel keine disziplinarische Weisungsbefugnis. Dies hängt unter anderem damit zusammen, dass Projekte häufig in der Matrixorganisation im Unternehmen eingebunden sind. Problematisch wird dies, wenn Mitarbeiter überlastet sind, innerlich gegen das Projekt rebellieren oder aber die Fachabteilungen das Projekt nicht unterstützen.

Trotz all dieser Herausforderungen gilt: Nehmen Sie das Ruder in die Hand! Nur wenn Sie bereit sind, zu führen und Entscheidungen zu treffen, werden Sie von Ihrem Team und Ihrem Auftraggeber als Leiter des Projekts anerkannt. Sie haben die Verantwortung dafür, dass das Projekt gelingt – von Anfang an.

Diese Tipps helfen Ihnen dabei:

- Sichern Sie sich die Unterstützung der Geschäftsführung bzw. des Auftraggebers: Steht die Geschäftsführung zu 100 Prozent hinter dem Projekt? Ist sie bereit, Ihnen die nötigen Ressourcen zur Verfügung zu stellen und sich intern zu dem Projekt zu bekennen? Fordern Sie diese Unterstützung im Zweifel aktiv ein. Ohne diesen Rückhalt werden Sie es schwer haben, sich den nötigen Respekt im Team zu sichern.

- Klären Sie Ihren Auftrag: Was genau ist gefragt? Was nicht? Wann gilt das Projekt als erfolgreich abgeschlossen? Jedes Projekt ist mit Erwartungen verbunden. Nicht immer werden sie klar kommuniziert. Unpräzise Absprachen bergen jedoch die Gefahr, Aufgaben und Risiken zu unterschätzen oder den falschen Weg einzuschlagen. Umso wichtiger ist es für Sie herauszufinden, welches Ziel wirklich erreicht werden soll – sofern der Auftraggeber es denn bereits selber weiß.

- Welche Anforderungen müssen auf jeden Fall eingehalten werden? Was ist das »Sahnehäubchen«? Dieser Punkt gehört strenggenommen noch zur Auftragsklärung. Die Fragen helfen Ihnen dabei, die wirklichen Ziele des Auftraggebers zu erkennen, aber auch dabei, Ihre Prioritäten im Projekt festzulegen.

- Klären Sie die Zuständigkeiten. Wer ist wofür verantwortlich? Wer ist in Konfliktfällen Ihr Ansprechpartner? Auch wenn es den einen Ansprechpartner gibt, der Ihnen das Projekt anvertraut hat, ist dieser nicht zwingend der eigentliche Auftraggeber. Klären Sie deshalb unbedingt, wer hinter dem Auftrag steht – intern und extern. Wer sind die Teilprojektleiter, wer die Qualitätsmanager? Wer entscheidet über das Budget und überstimmt damit vielleicht andere Meinungen? Vor allem in Projekten, wo jeder aufgrund fehlender hierarchischer Strukturen gerne versucht, seine Vorstellungen durchzusetzen, ist dieser Punkt wichtig.

- Schaffen Sie sich einen Überblick über alle Termine und erforderlichen Mittel. Auch wenn es keinen perfekten Projektplan gibt – je näher Sie der Perfektion kommen, umso besser. Dazu brauchen Sie jedoch den Überblick. Nur so können Sie sich und Ihr Team bestmöglich vorbereiten, benötigte Ressourcen beantragen und eine realistische Planung vornehmen.

- (Be-)Halten Sie die Zügel in der Hand! Projektleiter sind je nach Unternehmenskultur mit unterschiedlichen Kompetenzen ausgestattet. Vermeiden Sie Reibereien mit dem Auftraggeber, indem Sie vorab klären, wie eigenverantwortlich Sie handeln dürfen – und wo. Die Energie, die so nicht für Auseinandersetzungen genutzt werden muss, kommt Ihrem Projekt zugute.

- Dokumentieren Sie Entscheidungen und Fortschritte. Auch, wenn dies zunächst zeitaufwendig erscheinen mag – damit fällt es Ihnen später leichter, Entscheidungen nachzuvollziehen und die Einhaltung gesetzlicher Vorgaben nachzuweisen.

- Vermeiden Sie Überraschungen, indem Sie Eskalationsstufen einbauen. Wie frühzeitig möchten Sie bei Terminabweichungen oder abweichenden Entwicklungen informiert werden?

Entscheiden Sie sich bewusst für das Projekt und nehmen Sie die Herausforderung an. Nur wer sich bewusst für etwas entscheidet, ist mit seiner ganzen Energie dabei. Was banal klingt, ist im Projektalltag umso wichtiger. Denn neben diesem einen Projekt gibt es ja noch Ihre eigentlichen Aufgaben, die Sie nicht vernachlässigen dürfen. Mit einem bewussten Ja zu dem Projekt nehmen Sie die zusätzliche Herausforderung an und stehen ihr positiv gegenüber.

Klassische Aufgaben im Projektmanagement

Auch wenn Sie zuvor noch kein Projekt eigenständig geleitet haben sollten, sind Ihnen die klassischen Aufgaben eines Projektleiters wahrscheinlich bekannt. Gerade zu Beginn eines Projektes lohnt es sich jedoch, sich diese noch einmal vor Augen zu führen. Damit verhindern Sie, dass aus kleinen Nachlässigkeiten später große Probleme werden.

Zu den Basics gehören unter anderem die eher technischen Aufgaben des Projektleiters. Dazu zählen:

- Klärung und Ausformulierung des Projektauftrags,
- inhaltliche und zeitliche Projektplanung,
- Definieren der Meilensteine,
- Projektstrukturierung,
- Erstellen des Termin- und Kostenplans,
- Ressourcenplanung und -klärung,
- Aufgabenverteilung und Delegation innerhalb des Projektteams,
- Kommunikation innerhalb des Projektteams und mit den Auftraggebern,
- Projektcontrolling,
- Abstimmung mit dem Projektauftraggeber, den Lenkungsgremien und gegebenenfalls dem Projektkunden,
- Dokumentation des Projektes inklusive einzelner, wichtiger Schritte und Entscheidungen,
- Repräsentation nach innen und außen.

Für diese und weitere technische Aufgaben gibt es zahlreiche Tools, aus denen Sie je nach Anforderung und unternehmenseigenen Projektmanagement-Standards auswählen können. So ist, abhängig vom Projekt, mal eine Checkliste ausreichend, mal ist eine IT-gestützte Lösung erforderlich.

Der Projektleiter als Führungskraft

Weniger einfach ist es bei den Aufgaben als Führungskraft, die Sie als Projektleiter ebenfalls haben. Angefangen bei der Auswahl der optimalen Teammitglieder, der Schaffung und Verankerung der Projektkultur über das Delegieren von Aufgaben bis hin zur Kommunikation und dem Lösen von Konflikten haben Sie alle Aufgaben eines klassischen Chefs – mit einer wichtigen Ausnahme: In der Regel haben Sie keine direkte Weisungsbefugnis.

Dies macht die Aufgabe nicht einfacher. Umso ernster sollten Sie das Thema Führung von Anfang an nehmen. Das gilt übrigens auch dann, sogar speziell dann, wenn Sie mit den Kernaufgaben des Projektmanagements gerade anfangs viel zu tun haben. Denn davon, wie Sie das Team führen, hängt vieles ab – auch das Projektergebnis. Eine gute Projektkultur und eine gute Führung motivieren die Mitarbeiter, fördern die Loyalität und Leistungsbereitschaft, und das ganz unabhängig von Weisungsbefugnissen.

Folgende Aspekte helfen Ihnen dabei, den Rückhalt Ihres Teams zu bekommen:

- Entscheidungsfähigkeit: Stellen Sie sicher, dass Sie alle relevanten Informationen bekommen und über genügend Fachwissen verfügen, um fundierte Entscheidungen zu treffen. Fordern Sie die Informationen aktiv ein und verankern Sie Kommunikationskanäle und -maßnahmen in der Projektkultur.

- Transparenz: Viele Projekte scheitern daran, dass Mitarbeiter die Gründe für das Projekt oder für eine Entscheidung im Projekt nicht nachvollziehen können. Achten Sie deshalb auf Transparenz. Machen Sie deutlich, welche Ziele mit dem Projekt verbunden sind und warum es für Ihr Unternehmen bzw. den Kunden wichtig ist. Erläutern Sie auch, welche Folgen Budgetabweichungen und die Nichteinhaltung von Terminen haben können.

- Information: Nicht nur Sie benötigen Informationen, auch Ihre Teammitglieder können ohne diese nicht arbeiten. Stellen Sie deshalb den Informationsfluss im Team sicher. Verankern Sie Kommunikationskanäle und -maßnahmen in der Projektkultur. Greifen Sie auf bewährte Kommunikationsmaßnahmen, wie z. B. regelmäßige Meetings oder wöchentliche Status-Mails, zurück und ergänzen Sie sie bei Bedarf. Achten Sie darauf, Ihr Team nicht mit unnötigen Informationen zu überfrachten.

- Rollen und Aufgaben: Achten Sie auf eine klare Rollen- und Aufgabenverteilung im Team. Nur wenn jeder weiß, was von ihm erwartet wird, kann er diese Erwartungen erfüllen. Wählen Sie die Rollen für die Teammitglieder nach Möglichkeit so, dass sie ihren Stärken entsprechen und sie sich mit ihnen identifizieren können. Dies wird nicht immer möglich sein, hilft aber dort, wo es klappt, Konflikte zu vermeiden und Ergebnisse zu steigern.

- Arbeitsumgebung und Hilfsmittel: Auch, wenn das Team abteilungs- und ortsübergreifend zusammenarbeitet, sollten die Rahmenbedingungen stimmen. Dies fängt bei den Räumlichkeiten an, kann ein Online-Video-System für Teambesprechungen erforderlich machen und beinhaltet auch Hilfsmittel, wie z. B. Checklisten und Software. Für einen reibungslosen Start sollte alles Erforderliche von Anfang an zur Verfügung stehen.

- Keine Störungen von außen: Ihr Team hat neben dem Projekt noch zahlreiche weitere Aufgaben unterschiedlichster Priorität. Achten Sie darauf, dass trotzdem genügend Zeit für die Aufgaben in Ihrem Projekt zur Verfügung steht – beispielsweise, indem Sie Ihr Team gegen Störungen und/oder zusätzliche Aufgaben von außen abschirmen. Kämpfen Sie im Zweifel dafür, dass keine weiteren Anforderungen auf die Teammitglieder zukommen oder aber anderen Projekten keine höhere Priorität eingeräumt wird.

- Projektkultur: Entwickeln Sie ein feines Gespür für Unzufriedenheit und Konflikte. Diese binden nicht nur Kraft und Zeit der direkt Beteiligten, sondern wirken sich insgesamt negativ auf das Projekt aus. Lernen Sie deshalb, »das Gras wachsen zu hören«, und gehen Sie Konflikten früh genug nach. Je schneller sie aus der Welt sind, umso besser ist es – auch weil sie dann nicht ihre zerstörerische Kraft entfalten können.

- Besonnenheit: Projektarbeit ist latentes Changemanagement. Das wirkt sich auch auf Ihr Team aus. Reagieren Sie besonnen, wenn sich Dinge anders entwickeln als geplant, Konflikte schwelen oder sich die Rahmenbedingungen ändern. Alle diese Faktoren gehören zu Projekten dazu, sind quasi ein fester Bestandteil davon.

Viele Persönlichkeiten sind noch kein Team

Nicht nur der Projektleiter, auch die Teammitglieder stehen bei jedem neuen Projekt vor neuen Herausforderungen und Belastungen – fachlich und auf sozialer Ebene. Und dies von Anfang an. Schließlich muss sich jeder Einzelne bei jedem Projekt neu orientieren: Wer sind die anderen im Team? Welche Rolle nehme ich ein, welche Rolle die anderen? Bin ich mit dieser Rollenverteilung überhaupt einverstanden?

Für den Projektleiter bedeutet dies: Er muss neben seiner fachlichen Qualifikation auch soziales und empathisches Geschick mitbringen. Nur dann kann er die an ihn gestellten Aufgaben auch erfolgreich lösen – angefangen vom Problemlösungsprozess über den Projektmanagement-Prozess bis hin zum Entscheidungs- und Führungsprozess und der Gestaltung geeigneter Rahmenbedingungen und Strukturen. Mit dem dafür notwendigen Teamspirit werden Reibungsverluste in all diesen Bereichen reduziert.

Die richtigen Menschen an Bord holen

Eine der wichtigsten Aufgaben des Projektleiters ist es, aus vielen Individuen mit jeweils eigenen Bedürfnissen und Vorstellungen ein Team zu machen, das gemeinsam an einer Aufgabe arbeitet. Nur wenn ihm das gelingt, kann er das fachliche Wissen seiner Teammitglieder und auch sein eigenes Fachwissen richtig nutzen. Für den Erfolg ist es deshalb zunächst entscheidend, die richtigen Leute ins Boot zu holen. Und richtig bedeutet hier nicht nur mit der richtigen fachlichen Kompetenz. Es bedeutet auch, dass Menschen aufeinandertreffen, die miteinander arbeiten können, die sich inspirieren statt behindern, die in der Lage sind, aufkeimende Konflikte rechtzeitig zu bemerken und aus der Welt zu schaffen.

Beachten Sie bei der Auswahl des Teams, dass unterschiedliche Charaktere darin vertreten sind. Nur wenn Analytiker, Innovatoren, Visionäre und Praktiker zusammenarbeiten, kommen Sie ans Ziel – auch wenn dies ein erhöhtes Konfliktpotenzial bedeuten kann (siehe ausführlich zu den Teamrollen das Kapitel »Ihr Projektteam – ein anspruchsvoller Mikrokosmos«).

Achten Sie zudem darauf, wie die einzelnen Teammitglieder bevorzugt arbeiten. Menschen, die lieber unterstützend Informationen sammeln und zur Verfügung stellen, sind unglücklich, wenn sie Ideen entwickeln sollen. Menschen, die vor allem gerne ziel- und ergebnisorientiert arbeiten, kommen mit Rechercheaufgaben nicht klar. Menschen, die quer- und vorausschauend denken, belastet zu viel Detailarbeit.

Setzen Sie die Teammitglieder entgegen ihrer Vorlieben ein, verursachen Sie ihnen und letztlich auch sich selbst zusätzlichen Stress. Zudem bleibt die erhoffte Effizienz aus. Tests unterschiedlicher Anbieter zur Erstellung von Kompetenzprofilen helfen Ihnen dabei, mehr Klarheit über die individuellen Stärken Ihrer Projektkollegen zu erhalten (siehe hierzu auch das Kapitel »Ihr Projektteam – ein anspruchsvoller Mikrokosmos«).

Die Survival-Strategie: Resilienz

Können Projektleiter und -mitarbeiter überhaupt sicherstellen, dass jeder die Aufgabe bekommt, die ihm liegt? Ist so viel Rücksichtnahme bei einer so komplexen Herausforderung überhaupt möglich? Ist sie sinnvoll? Etwas Stress hat doch noch nie geschadet, oder?

Um es vorwegzunehmen: Ebenso wie es keinen perfekten Projektplan gibt, wird auch niemand nur diejenigen Projektrollen und -aufgaben erhalten, die seinen Fähigkeiten und Interessen optimal entsprechen. Projektmanagement ist in erster Linie Handwerk, das mit bestimmten Werkzeugen ausgeführt wird. Dabei ist es ähnlich wie bei einem Waldarbeiter: Um einen Baum zu fällen, benötigt er eine scharfe Axt und eine Säge. Auch muss er wissen, wie der Baum später fallen wird. Das alles hilft ihm aber nicht, wenn er nicht die Kraft hat, sein Werkzeug und sein Wissen einzusetzen. Übertragen auf den Projektalltag bedeutet das: Ob all unser Wissen und Tun uns letztlich zum gewünschten Erfolg führt, liegt an unserer Resilienz – sie ist die

Kraft, mit der wir unser Projektmanagementwissen nachhaltig einsetzen können.

Genau an diesem Punkt kommen unsere Persönlichkeit, unsere Charaktereigenschaften ins Spiel. Sie entscheiden darüber, ob wir

- in schwierigen Situationen gelassen bleiben oder ob wir uns von äußeren Faktoren unter Druck setzen lassen;

- unter Termindruck nervös und fahrig werden oder vielleicht erst dann so richtig gut arbeiten können.

Was ist Resilienz?

Wer merkt, dass Stress sich eher negativ auf seine Leistungen und sein Wohlbefinden auswirkt, muss dies nicht einfach akzeptieren. Jeder von uns kann lernen, besser mit Stress umzugehen. Wir können das tun, indem wir an unserer Resilienz arbeiten. Die ultimative Survival-Strategie.

Resilienz lässt sich frei übersetzen mit Widerstandskraft oder Robustheit. Übertragen auf Projekte ist sie die Fähigkeit, sich von Unsicherheiten, Krisen und Konflikten im Projekt, Druck und Rückschlägen nicht unterkriegen zu lassen. Sie ist die Fähigkeit, sich trotz aller Herausforderungen jeden Tag aufs Neue zu motivieren, selbst dann, wenn es an persönlicher Identifikation mit Aufgabe und Umfeld fehlt.

BEISPIEL

Mary und Peter arbeiten beide als Produktmanager in einem internationalen Konzern, der Haushaltsgeräte herstellt. Dort hat man sich ein ehrgeiziges Ziel gesetzt: Innerhalb der nächsten Jahre sollen alle Produkte so optimiert werden, dass nur noch kleine Anpassungen an den jeweiligen nationalen Markt nötig sind. Damit sollen hohe Produktionskosten eingespart werden, aber auch Prozesse, beispielsweise bei der Ersatzteilversorgung, schlanker werden. Die Herausforderung: Sowohl das neue Waschmaschinenmodell, für das Mary verantwortlich ist, als auch die neue Gefrier-Kühlschrank-Kombination von Peter sollen in wenigen Monaten auf dem Markt sein und die neuen Vorgaben so weit wie möglich erfüllen. Von diesem Erfolg ist auch die Karriere ihres Vorgesetzten, Walter, abhängig. Dies macht Peter nervös – ist Walter doch sein Freund und Mentor.

Nach zwei Monaten treffen sich Mary und Peter zufällig in der Kantine. Während Mary gut gelaunt über die Fortschritte in ihrem Projekt plaudert, ist ihr Kollege auffällig still. Darauf angesprochen, verweist er auf die hohe Arbeitsbelastung und den Druck, den er hat. Das Projekt bringt ihn an seine persönlichen Grenzen. Er hat Angst zu versagen, prüft deshalb jede Entscheidung doppelt und dreifach, hält Rücksprache mit seinem Freund Walter und wundert sich über dessen zunehmende Kritik, die ihn nur noch mehr verunsichert.

Im Gespräch erläutert Mary ihm, dass auch sie die Herausforderung sieht – allerdings etwas entspannter und vor allem optimistischer. Denn egal, wie weit die Modelle für den internationalen Markt optimiert werden: Es ist der erste Schritt in die richtige Richtung. Deshalb legt sie mehr Wert auf die Basisarbeit, die später für alle neuen Modelle wichtig ist, als auf den schnellen Erfolg. Dies hilft ihr mit den hohen Anforderungen, aber auch mit der Nervosität von Walter umzugehen. Sie besinnt sich auf ihre Stärken, die sie gewinnbringend für das Projekt einsetzen kann. Dies und ihr Optimismus haben dazu beigetragen, dass Walter langsam an den Erfolg des Projektes – und an seine weitere Karriere im Unternehmen – glaubt. Damit profitiert er auch indirekt von der großen Resilienz seiner Mitarbeiterin.

Unsere psychologische Widerstandskraft ist zum Teil ange-boren, zum Teil Resultat der frühkindlichen Entwicklung, aber auch das Ergebnis einer konsequenten Einstellungsmodulation und der Bereitschaft, jahrelang gepflegten, intrinsischen Denk- und Verhaltensmustern eine neue Richtung zu geben. Dieser Prozess nimmt Zeit in Anspruch. Planen Sie mindestens sechs Monate ein, um eine nachhaltige Verbesserung Ihrer Resilienz zu erreichen.

Das Thema Resilienz ist nicht wirklich neu, bekommt aber an-gesichts der zunehmenden Burn-out-Erkrankungen neue Bris-anz. Allein zwischen 2004 und 2011 sind die Krankheitstage wegen Burn-out um das 18-fache gestiegen, so die Statistik der BKK (www.bkk-dachverband.de, Stichwort: Gesundheitsre-port). Vorbeugen kann jeder von uns. Denn wer seine Resilienz verbessert, steht nicht nur Stresssituationen gelassener gegen-über, er beugt auch einem inneren Ausbrennen vor.

Die Resilienzfaktoren

Was macht einen resilienten Menschen aus? Nach Dr. Karen Reivich und Dr. Andrew Shatté, zwei US-Forscher an der Univer-sität Pennsylvania, spielen die folgenden sieben Faktoren eine entscheidende Rolle.

Faktor Nr. 1: Optimismus

Die Überzeugung und der Wunsch es zu schaffen, sind eine Grundvoraussetzung für Resilienz. Wer eine Krise oder eine besondere Herausforderung bewältigen möchte, muss fest daran glauben, dass die derzeitige Situation zeitlich begrenzt ist und dass er alle persönlichen Ressourcen in sich trägt, um dieses Problem einer Lösung zuzuführen. Dazu bestimmen die Gedanken über die momentane Situation das Gefühl und die Bewertung der Situation. Beide gilt es zu steuern.

Faktor Nr. 2: Akzeptieren der Situation

Ein Schlüssel der Krisenbewältigung liegt im Annehmen der Situation, wie sie ist: kein »Aber ...«, ungeschönt, von möglichst vielen Seiten betrachtet, möglichst realistisch, möglichst unaufgeregt und emotionslos.

Faktor Nr. 3: In Lösungen denken

Optimismus und Akzeptanz bringen die Betroffenen auf eine neue Stufe. Anstatt das Problem weiter zu analysieren, gilt es, neue Möglichkeiten und Lösungen für die momentane schwierige, eventuell als bedrohlich erlebte Situation zu entwickeln: unkonventionell, flexibel, offen, mutig, verwegen, vielfältig.

Faktor Nr. 4: Selbstwirksamkeit

Sich als Opfer einer aktuellen Misere zu verstehen, schützt den Menschen als Erstreaktion vor dem Totalabsturz. Nach der Analyse der Situation gilt es jedoch, die Opferrolle zu verlassen und die eigenen Kräfte, Stärken und Qualitäten ins Blickfeld zu rücken und Spielräume neu zu entdecken.

Faktor Nr. 5: Verantwortung übernehmen

Zu resilientem Verhalten gehört die Bereitschaft, Verantwortung für das eigene Handeln zu übernehmen. Verantwortung übernehmen heißt, Handlungsspielräume zu erkennen und zu gestalten und für sein Handeln einzustehen. Wer Verantwortung abschiebt, macht sich zum Gefangenen der Umstände.

Faktor Nr. 6: Persönliche soziale Netze gezielt auf- und ausbauen

Beziehungen zu Menschen, die persönlich zu uns stehen, und ein berufliches Netzwerk, in dem Geben und Nehmen funktionieren, erhöhen unsere Resilienz. Diese Menschen bringen andere Sichtweisen, Ideen und Gedanken in unser Leben, geben uns Kraft, Liebe und Anerkennung.

Faktor Nr. 7: Die Zukunft planen

Visionen und Pläne motivieren uns, den Blick nach vorne zu richten. Sie geben unserem Leben und unserem Tun einen Sinn. Hinter jeder Handlung steht so eine Antwort auf die Frage »Wozu?«. Zukunftsbilder, die wir uns selbst zeichnen, leiten unser Handeln, geben uns Sicherheit. Resilienz entwickelt, wer immer wieder die persönliche Balance zwischen Sicherheit und Spontaneität sucht. So wird Unvorhergesehenes zum Teil des Plans.

Was Resilienz vermag

Wer sein Leben an diesen Faktoren ausrichtet, dem fällt es leichter, sich in der komplexen und herausfordernden Projektwelt zurechtzufinden. Denn Resilienz ist die Kraft, nicht vorhersehbaren Veränderungen während des Projektes ebenso gelassen zu begegnen wie Konflikten im Team und mit einzelnen Stakeholdern, Identifikationskrisen mit dem Projektauftrag und dessen Zielen, personellen Ausfällen und sonstigen alltäglichen Widrigkeiten. Statt an diesen Gegebenheiten zu verzweifeln, haben resiliente Menschen die Kraft, sich mit dem Blick nach vorne auf Neues einzustellen.

BEISPIEL

> Als Uwe (49) vor 15 Jahren bei einem Autohersteller die Leitung seines ersten Projekts übernehmen durfte, war er stolz und sicher, alle dafür erforderlichen Fähigkeiten mitzubringen. Schließlich hatte er bereits im Ausland unterschiedlichste Stakeholder-Interessen in Teilprojekten gemanagt und verantwortungsvoll Change-Prozesse gesteuert. Diese Euphorie ist mittlerweile dem Gefühl der Überforderung gewichen: Obwohl sein Wissen stetig zunimmt, fällt ihm seine Arbeit immer schwerer. Konzentrationsschwäche, Herzrasen, ständige Rückenverspannungen, permanente Müdigkeit und so manch schlaflose Nacht machen ihn leicht reizbar und lassen ihn immer häufiger überreagieren – auch zu Hause. Am meisten plagt ihn jedoch die Angst, Projektziele nicht mehr oder nur ungenügend zu erreichen.
>
> Uwe ist ausgebrannt. Nach jahrelangen Wochenarbeitszeiten von 50 Stunden, immer mehr und immer enger getakteten Terminen hat er dem Erwartungsdruck von Vorgesetzten und seinem Team und dem zunehmenden Balanceakt zwischen knappen Ressourcen und engen Zielvorgaben fast nichts mehr entgegenzusetzen. Der einst so hoch motivierte Jung-Projektleiter spürt nur noch selten etwas von seiner früheren Leistungskraft, Begeisterung und Energie – und steht damit

stellvertretend für viele Projektmanager, die chronisch überlastet bzw. überfordert sind.

Uwe hat seine Gesundheit, seine innere Kraft verloren. Er kann seine Ressourcen nicht mehr aktivieren, weil er keine mehr hat. Er fürchtet seine Arbeit, anstatt an deren Herausforderungen zu wachsen. Genau vor solchen Situationen schützt uns Resilienz. Sie hilft uns, projektbezogenen und teamrelevanten Schwierigkeiten gelassen und souverän zu begegnen und schnell Entscheidungen zu treffen – auch dann, wenn sie unweigerlich mit Unsicherheiten verbunden sind. Dabei agieren wir in der Gewissheit, dass wir alle Ressourcen in uns tragen, um adäquat mit den Eigenheiten von Teammitgliedern und ihren unterschiedlichen Meinungen zur Projektverfolgung umzugehen. Mehr noch: Unsere innere Gewissheit, die persönlichen Fähigkeiten entsprechend der Problemstellung immer wieder neu vernetzen zu können, lassen uns bei ausgeprägter Resilienz ohne großen Energieverlust mit engen Zielvorgaben und Terminen, Budgets und oft nicht ausreichenden Qualifikationen der Teammitglieder jonglieren.

Gerade deshalb ist es so wichtig, diese Fähigkeit zu erwerben bzw. weiter auszubauen und zu trainieren. Sie ist die Basis für unsere innere Einstellung, mit der wir uns auf künftige Schwierigkeiten vorbereiten können. Wie wichtig das ist, wissen alle Projektleiter. Sie brauchen in ihrer Funktion häufig einen langen Atem, sprich Ausdauer: für zähe Verhandlungen, für lange Arbeitstage. Resiliente Projektleiter hadern nicht mit diesen

Herausforderungen, sondern bauen diese virtuos in ihren Arbeitsalltag ein.

Möglich ist das, weil diese besondere Widerstandskraft unsere Ressourcen für Veränderung und persönliche Entwicklung aktiviert. Herausforderungen sind so keine Bedrohungen mehr, sondern die Chance, das eigene Können unter Beweis zu stellen und mit Geschick und Diplomatie die Teamenergie auf das Ziel auszurichten. Resiliente Menschen können emotionslos eine Tagesbilanz ziehen, Misserfolge analysieren, ihre Erfolge anerkennen und aus Fehlern lernen, ohne sich darüber selbst infrage zu stellen. Das alles sind Eigenschaften, die Projektleiter und -mitarbeiter davor bewahren auszubrennen.

Und was ist mit Ihnen? Ein Resilienz-Test für Projektleiter

Als Projektleiter werden besondere Anforderungen an Ihre innere Stärke und Widerstandskraft gestellt. Sie müssen auch in stürmischen Zeiten Ruhe bewahren und überlegt handeln. Grund genug, einmal genauer auf Ihre persönliche Resilienz zu schauen. Der folgende Test hilft Ihnen dabei, die eigene Widerstandskraft einzuschätzen. Halten Sie dazu eine kurze Zeit inne, unterbrechen Sie ganz bewusst die Projektarbeit und konzentrieren Sie sich auf die eigene Wahrnehmung.

Test: Wie hoch ist Ihre Resilienz?

Beantworten Sie folgende Fragen in einer Skalierung von 1 bis 10 (1 = trifft gar nicht zu, 10 = trifft voll und ganz zu) und notieren Sie sich die entsprechenden Werte.

Trifft die folgende Aussage zu?	Wert von 1 bis 10
1. Ich fühle mich häufig müde und wache morgens unausgeschlafen auf.	
2. Ich fühle mich häufig kraft- und antriebslos.	
3. Es fällt mir schwer, abends abzuschalten und mich in der Freizeit anderen Themen zuzuwenden.	
4. In manchen Situationen fühle ich mich überfordert und denke zu lange nach, welche Entscheidung die richtige sein könnte.	
5. Ich kann schwer Nein sagen, übernehme zusätzliche Aufgaben, die zeitlich kaum zu integrieren sind, und delegiere zu wenig.	
6. Häufiger fehlt es mir an Konzentration; ich höre meinen Mitarbeitern nicht wirklich zu und bin mit den Gedanken woanders.	
7. Ich bin leicht abzulenken und beschäftige mich mit Dingen, die gerade keine Priorität haben.	
8. Häufig fühle ich mich überlastet und möchte einfach mal meine Ruhe haben.	
9. Wenn ich die erwartete Leistung nicht erbringe, habe ich ein schlechtes Gewissen und mache das mit mir aus. Ich hole mir keinen Rat bei Freunden und Kollegen, tausche mich nicht über die Gründe des vermeintlichen Scheiterns aus.	
10. Meine Ziele sind ausschließlich auf den Projekterfolg ausgerichtet.	

Trifft die folgende Aussage zu?	Wert von 1 bis 10
11. Immer häufiger plagen mich körperliche Beschwerden, wie z. B. Rückenschmerzen, Magenschmerzen oder Schlafprobleme.	
12. Mein berufliches und privates Umfeld macht mir immer häufiger Vorwürfe über meine Art zu kommunizieren und dass ich emotional überreagiere.	
13. Ich fühle mich oft aggressiv und innerlich geladen.	
14. Persönlich und im privaten Bereich fehlt es mir häufig an Energie für Sport oder Hobbys, Geselligkeit oder unbeschwertes Zusammensein mit der Familie.	
15. Privat habe ich derzeit keine größeren Ziele.	
Summe	

Addieren Sie die Werte, um Ihre Punktzahl zu ermitteln. Je öfter Sie eine 10 vergeben haben für »Trifft voll und ganz zu«, desto niedriger ist Ihre Resilienz. Aus der Punktzahl lassen sich aufgrund meiner langjährigen Erfahrung als Coach folgende Schlüsse und Empfehlungen ziehen:

- **Bis 15 Punkte:** Sie verfügen über eine hohe Resilienz und eine gute seelische Widerstandskraft. Glückwunsch – machen Sie weiter so!

- **16 bis 75 Punkte:** Sie spüren den Druck, sich beweisen zu müssen, geben alles für Ihr Projekt und stellen die eigenen Bedürfnisse hinten an. Achten Sie verstärkt auf Ihre eigenen Bedürfnisse und gehen Sie bewusster mit Ihrer Work-Life-Balance um. Planen Sie in Ihr Leben auch Freizeitaktivitäten, wie z. B. Sport oder Ausgehen mit Freunden, ein.

- **76 bis 90 Punkte:** Sie verdrängen Ihre eigenen Bedürfnisse und ignorieren Konflikte. Auf Hinweise aus dem privaten Umfeld, dass Sie Ihre Familie und Freunde vernachlässigen, reagieren Sie gereizt. Schließlich muss das Projekt pünktlich abgeschlossen werden. Nur das zählt! Systematisches Coaching kann Ihnen helfen, die Balance wiederzufinden und Ihre eigene Performance zu steigern – ohne dass Ihr Privatleben weiter leiden muss.

- **91 bis 120 Punkte:** Ihre Freunde haben Sie seit Monaten nicht mehr gesehen. Dem Mittagessen mit den Kollegen gehen Sie aus dem Weg. Sie wollen nur noch Ihre Ruhe, nichts sehen, nichts hören. Ihr Verhalten ändert sich langsam, aber merklich. Sie konzentrieren sich nur noch auf Ihr Projekt und hoffen, dass bald alles vorbei ist. Dann können Sie sich auch wieder mit der Frage beschäftigen, was Sie eigentlich ausmacht und wer Sie sind. Doch bis dahin sind Sie einfach nur Projektleiter. Stopp! Sie sollten sofort handeln! Ein psychologisches Coaching hilft Ihnen dabei, Denk- und Verhaltensmuster zu erkennen, die Ihrer Resilienz im Wege stehen, und diese aktiv zu verändern.

- **Ab 121 Punkte:** Sie mögen morgens nicht mehr aufstehen, spüren eine innere Leere und sind einfach nur noch erschöpft. Sie schlafen schlecht und haben körperliche Beschwerden, für die Ihr Hausarzt keine organischen Ursachen findet. Freunde wenden sich von Ihnen ab, weil Sie auf den

Wunsch nach einem Treffen aggressiv reagieren. Sie brauchen dringend Hilfe! Suchen Sie sich Rat bei einem Arzt, der sich mit Depressionen und Burn-out auskennt.

In diesem TaschenGuide erfahren Sie, wie Sie Ihre Resilienz fördern und damit besser auf die Herausforderungen des Projektalltags reagieren können.

Auf einen Blick: Überleben im Projektdschungel, geht das?
▪ Permanente Änderungen, unterschiedliche Interessen, Termin- und Kostendruck – Projekte sind Abenteuer. Wer hier nicht nur überleben, sondern auch Erfolg haben will, braucht die richtigen Strategien.
▪ Den perfekten Plan gibt es nicht. Wer Pläne als roten Faden sieht, ein gutes Projektcontrolling betreibt und auf Änderungen flexibel reagiert, kann trotzdem den Überblick behalten.
▪ Projektarbeit lebt von Kommunikation. Ohne den Austausch der Akteure funktioniert es nicht. Viel davon findet in Meetings statt. Mit der richtigen Meeting-Kultur ist daher bereits viel gewonnen.
▪ Ein Projektleiter muss neben seiner fachlichen Qualifikation auch soziales und empathisches Geschick und Gespür mitbringen. Diese Fähigkeiten sind nicht etwa angeboren, sondern trainierbar.
▪ Jeder von uns kann lernen, besser mit Stress umzugehen. Wir können das tun, indem wir an unserer Resilienz arbeiten. Sie ist die Widerstandskraft, die jeder von uns in unterschiedlichem Maße aufweist.

Das Einmaleins der Führung

Ein gutes Team ist ein, wenn nicht sogar der Garant für den Erfolg eines Projekts. Als Projektleiter müssen Sie Ihr Team motivieren und führen, ohne auf disziplinarische Mittel zurückgreifen zu können. Ein Problem? Nicht, wenn Sie die Survival-Tipps in diesem Kapitel berücksichtigen.

Auf den folgenden Seiten erfahren Sie u. a., wie Sie

- das perfekte Team zusammenstellen,
- bei sich und anderen Frustration und Burn-out verhindern,
- Ihr Team widerstandsfähig machen,
- gemeinsam an den Herausforderungen wachsen.

Ihr Projektteam: ein anspruchsvoller Mikrokosmos

Der Projektauftrag ist geklärt, die Unterstützung des Auftraggebers ist gesichert und Sie sind sich sicher, dass Sie die Herausforderung annehmen wollen? Perfekt, denn damit sind die ersten wichtigen Weichen gestellt. Jetzt gilt es, sich das Team zusammenzustellen, das Ihnen dabei hilft, das Magische Dreieck des Projektmanagements auszubalancieren. Sie erinnern sich? Sie brauchen Mitarbeiter, mit deren Unterstützung Sie ein ausgeglichenes Verhältnis zwischen Termin, Mitteleinsatz/Kosten und Qualität gewährleisten können.

Natürlich wählen wir für solche Aufgaben bevorzugt Menschen, mit denen wir persönlich gerne arbeiten. Das ist verständlich, führt aber nicht immer zum Ziel. Denn bei Projekten geht es nicht nur um das Miteinander, sondern vor allem auch um die fachliche Qualifikation. Bevor Sie überlegen, wen Sie in Ihr Team holen, sollten Sie sich deshalb folgende Fragen stellen:

- Welche Aufgaben müssen konkret während des Projektes bewältigt werden?

- Welche fachlichen Qualifikationen sind dazu nötig?

- Können Zusatzqualifikationen zum Erfolg des Projektes beitragen?

- Welches weitere Know-how, wie z. B. Wissen über Vorschriften oder geplante Gesetzesänderungen, spielt neben den fachlichen Fragen eine Rolle?

- Welche Erfahrungen sind hilfreich?
- Welche Soft Skills sollte ein Teammitarbeiter mitbringen?

Diese Fragen helfen Ihnen dabei, ein Anforderungsprofil zu formulieren, ähnlich, wie Sie es auch bei einer Stellenausschreibung machen würden. Je klarer die Vorstellung, die Sie von Ihren Kandidaten haben, umso besser.

BEISPIEL

Handelt es sich um ein internationales Projekt, sind Englischkenntnisse nicht nur von Vorteil, sondern unabdingbar. Zusätzlich sind Erfahrungen in der interkulturellen Kommunikation oder im grenzüberschreitenden Projektmanagement mindestens hilfreich, wenn nicht sogar erforderlich.

Geht es um den Rückbau eines Atomkraftwerkes, benötigen Sie jemanden, der den rechtlichen Hintergrund dafür hat. Ein anderes Teammitglied sollte sich mit der Durchführung von Machbarkeitsstudien auskennen. Benötigt werden aber auch Teammitglieder, die Experten für die Strahlenschutzplanung und -kontrolle sind. Auch für Freigabemessungen und die umfassende, rechtssichere Dokumentation werden erfahrene Experten benötigt.

Auch wenn das Projekt möglichst schnell starten soll und Ihr Auftraggeber vielleicht sogar schon eine Idee hat, wer zu Ihrem Team gehören sollte, sind Anforderungsprofile wertvoll für den weiteren Projektverlauf. Sie verschaffen Ihnen die Übersicht, welche Qualifikationen überhaupt benötigt werden, und helfen Ihnen, fundiert zu begründen, warum Sie welchen Mitarbeiter im Team haben möchten.

BEISPIEL

Brigitte arbeitet für einen großen Baumaschinenhersteller, der seinen Kunden einen qualitativ hochwertigen Aftersales-Service verspricht: Ersatzteile defekter Baumaschinen werden – so das Versprechen – von Service-Technikern rasch ausgetauscht, um die kostspieligen Ausfallzeiten gering zu halten. Um den Service weiter zu verbessern, sollen nun die Bauteile miteinander kommunizieren – das Internet der Dinge soll lebendig werden. Da der Wettbewerb ein ähnliches Projekt verfolgt, werden Brigitte, der Projektleiterin, enge zeitliche Grenzen gesetzt. Ihr Chef hat bereits zehn Mitarbeiter ausgesucht, mit denen sie sofort starten könnte. Das Problem: Ausgesucht wurden sie nach freien Ressourcen, nicht nach fachlicher Qualifikation und Erfahrungshintergrund.

Schnell wird Brigitte klar: Mit diesem Team ist die Aufgabe weder in der vorgegebenen Zeit noch mit dem vorgegebenen Budget zu bewältigen. Deshalb erstellt sie für die einzelnen Teilaufgaben Anforderungsprofile und gleicht sie mit den Profilen der vorgeschlagenen Teammitglieder ab. Damit hat ihr Chef den direkten Vergleich zwischen den benötigten und den vorhandenen IT-Qualifikationen. Er lässt sich im Sinne des Projekterfolgs davon überzeugen, dass Brigitte ihr Team selbst zusammenstellen darf. Damit hat Brigitte eine wichtige Hürde genommen. Die Schwierigkeiten bei der Personalauswahl hören damit aber nicht auf. Denn nun gilt es zu schauen, welche der benötigten Qualifikationen überhaupt im Haus vorhanden sind. Keine leichte Aufgabe bei einem international aufgestellten Unternehmen mit über 1.000 Mitarbeitern.

Die Suche nach geeigneten Teammitgliedern

Um die bestmöglichen Kandidaten zu identifizieren, nutzt Brigitte ihre internen und externen sozialen Netzwerke:

- Sie durchsucht die Profile im Intranet nach den gefragten Qualifikationen und lässt sich die Treffer anzeigen, die ihren Vorstellungen sehr nahekommen.

- Ergänzend dazu recherchiert sie in LinkedIn und XING nach geeigneten Kandidaten. Um sicherzustellen, dass sie nur Kollegen und Mitarbeiter aus dem eigenen Unternehmen angezeigt bekommt, nutzt sie die erweiterte Suche der Portale. Dort gibt sie neben den gewünschten Qualifikationen den aktuellen Arbeitgeber an.

- Profile, die sowohl im Intranet als auch in den sozialen Netzwerken erfolgversprechend klingen, werden miteinander abgeglichen. Vielleicht verrät der Kandidat im Business-Netzwerk interessante Details, die er intern nicht aufgeführt hat. Auf Basis dieser Profile wird eine erste Liste mit Wunschkandidaten erstellt.

Wenn es um die richtige Zusammensetzung des Projektteams geht, helfen zudem persönliche Empfehlungen weiter. Besonders dann, wenn es um eher seltene Qualifikationen oder ungewöhnliche Kombinationen geht – wie z. B. das Fachwissen um den Bau von Atomkraftwerken in Finnland kombiniert mit russischen Sprachkenntnissen und Erfahrungen mit grenzüberschreitenden Projekten.

> Sprechen Sie mit Führungskräften, Abteilungs- und Teamleitern über Ihre Wunschkandidaten – natürlich nur, soweit Sie damit keine Verschwiegenheitsverpflichtung verletzen. Auf diesem Weg nutzen Sie die persönlichen Netzwerke, die trotz aller Digitalisierung in der Regel immer noch besser über Hard und Soft Skills der Kolleginnen und Kollegen informiert sind als jedes soziale Netzwerk.

Was die Führung eines Projektteams so besonders macht

Fachliche Qualifikationen sind eine wichtige Voraussetzung für den Projekterfolg. Sie allein reichen jedoch nicht aus. Denn was hilft alles Wissen, wenn es aufgrund von fehlenden Ressourcen nicht ins Projekt eingebracht werden kann? Beispielsweise, weil der gewünschte Mitarbeiter bereits fünf weitere Projekte mit höchster Priorität hat? Oder sein Vorgesetzter nicht möchte, dass er Sie unterstützt?

Führen ohne Vorgesetztenfunktion

Für Sie als Projektleiter ist es deshalb wichtig, sich die Unterstützung für Ihre ausgewählten Kandidaten zu sichern – bei Ihrem Auftraggeber, aber auch bei den Führungskräften der Kandidaten und von den Kandidaten selbst. Versäumen Sie diesen wichtigen Schritt, können Ihre Teammitglieder später leicht zum Spielball werden – denn anders als der direkte Vorgesetzte haben Sie keinerlei Weisungsbefugnis. Und genau das macht die Führung eines Projektteams zu etwas ganz Besonderem. Für Projektleiter kann diese Besonderheit schnell zu einer Herausforderung werden. An Sie werden konkrete Erwartungen gestellt, die Sie nur mit Unterstützung Ihres Teams erreichen können. Sie haben zwar die gleichen Führungsaufgaben wie ein Linienvorgesetzter: Das Projektcontrolling und die Budgetüberwachung liegen in Ihren Händen. Sie treffen Entscheidungen und geben Feedback. Es gibt jedoch auch wichtige Unterschiede: So nehmen Sie diese Aufgaben nur für die Dauer des Projektes wahr und Sie können die Mitarbeiter – anders als ein Linienvorgesetzter – nur bedingt fördern. Auch ohne disziplinarische Autorität gilt es, Aufgabenpakete zu verteilen, Ziele und Termine zu setzen und die Projektmitarbeiter zu steuern. Und nicht zuletzt führen Sie Teammitglieder allein über Ihre fachliche und persönliche Autorität. Dies kann natürlich immer dann zu Konflikten führen, wenn sich eine disziplinarische Autorität einmischt und andere Prioritäten setzen will.

> Führung im Projekt heißt, die Teammitglieder ohne disziplinarische Macht dazu zu motivieren, gemeinsam an dem Projektziel zu arbeiten, um es in der vorgegebenen Zeit mit dem vorgegebenen Budget und in der gewünschten Qualität zu erreichen.

Umso wichtiger ist es, dass Sie sich als Führungskraft und nicht als Aufgabenverteiler verstehen. Führung ist mehr als operatives Management – es ist People Business. Machen Sie sich bewusst, dass Ihre Erfolge im Projekt Ihre Karriere beschleunigen können. Zeigen Sie hier, dass Sie über soziale und emotionale Kompetenzen verfügen. Empfehlen Sie sich über Ihre Führungsqualitäten auch als disziplinarische Führungskraft.

Je besser Sie in dieser Situation die Ihnen zur Verfügung stehenden Führungsinstrumente kennen und anwenden können, umso besser. Doch bitte keine Panik: Führung braucht Erfahrung. Niemand ist am Anfang perfekt. Wissbegierde und die Bereitschaft, sich mit dem Thema Führung zu beschäftigen, bringen Sie hier jedoch einen großen Schritt weiter.

Wie viel Führung ist gewünscht?

Damit Sie sich nicht verrennen, sollten Sie zudem vorab klären, wie viel Führung von Ihnen wirklich erwartet wird. Denn je nach Unternehmenskultur wird ein Projektleiter eher als Koordinator statt als Führungskraft gesehen. Sprechen Sie dieses Thema deshalb ruhig im Rahmen Ihrer Auftragsklärung an. Schließlich hängt davon auch ab, mit welchen Instrumenten und Maßnahmen Sie die Zielerreichung beeinflussen können. Hilfreich sind dabei folgende Fragestellungen:

- Gibt es eine unternehmensinterne Definition für die Aufgabe des Projektleiters? Wenn ja: Wie lautet diese?

- Wie viel Führung braucht Ihr Projekt? Wie komplex ist es; wie abhängig sind die Auftragspakete voneinander?

- Wie eingespielt ist Ihr Team? Neue Konstellationen brauchen mehr Führung!

- Welche Führungserfahrungen und -qualifikationen bringen Sie mit?

- Welche Unterstützung brauchen Sie bzw. wünschen Sie sich bei der Führung durch Ihren Auftraggeber und die Linienvorgesetzten?

- Mit welchen Führungsinstrumenten wollen Sie arbeiten? Welche Erfahrung haben Sie damit?

- Wie steht es mit Ihrer Fähigkeit zu delegieren?

Nimmt Ihr Unternehmen die Bezeichnung »Projektleiter« ernst – und davon gehen wir hier einfach mal aus – gehört es zu Ihren

Aufgaben, Ziele zu definieren, Aufgaben und Arbeitspakete zu delegieren, Entscheidungen zu treffen, Arbeitsergebnisse und Fortschritte zu kontrollieren und den Projektmitarbeitern Feedback zu geben.

Dafür stehen Ihnen ähnliche Führungsinstrumente zur Verfügung wie den Linienvorgesetzten – angefangen von der Stellenbeschreibung bzw. dem Anforderungsprofil über die Leitung von Projektsitzungen, die Führung von Einzelgesprächen und die Konfliktlösung bis hin zur Deeskalation von Krisen. Anders ist es meist, wenn es um die Leistungsbeurteilung geht. Da Projektleiter keine disziplinarische Autorität haben, liegt diese meist hauptverantwortlich bei dem Linienvorgesetzten.

Sie setzen die Rahmenbedingungen

Als Projektleiter sind Sie der Leitwolf. Sie entscheiden letztendlich über Prozesse und Abläufe ebenso wie über das Organisations- und Zeitmanagement. Auch wenn Projektmanagement-Standards in Ihrem Unternehmen verankert sind, gibt es hier individuellen Gestaltungsspielraum, den Sie für sich nutzen können und sollten. Das betrifft auch die Projektmitarbeiter, ihre Rollen und die Gestaltung der Zusammenarbeit. Nutzen Sie dazu die Führungsinstrumente, die Sie zur Verfügung haben. Vergessen Sie aber auch hier wiederum nicht: Führung ist People Business und damit weit mehr als operatives Geschäft. Es geht um Menschen, um soziale Kompetenzen und durchaus auch um Befindlichkeiten. Die Zusammenarbeit wird nur dann erfolgreich sein, wenn untereinander die Chemie zumindest soweit stimmt, dass alle an einem Strang ziehen. Was bedeutet das für Sie? Sie müssen sich mit Ihrer Aufgabe, aber auch mit den Rahmenbedingungen und den von Ihnen eingesetzten Instrumenten identifizieren. Sie müssen Sie so gestalten, dass sie die Identifikation der Teammitglieder mit dem Projekt und Ihnen als Führungskraft verstärken.

Ohne funktioniert ein Projekt nicht: Meetings

Mitarbeiterführung ist Kommunikation und die findet in der Projektarbeit vor allem in den zahlreichen Meetings statt. Doch obwohl sie wichtig sind, stoßen sie häufig auf Kritik. Schließlich kennt jeder von uns, der schon einmal an einem Projekt beteiligt war, auch Meetings, die sehr schnell ins Ineffiziente abgleiten können. Dabei sind diese Zusammenkünfte ein sehr gutes Instrument, um alle Beteiligten auf den gleichen Wissensstand zu bringen, untereinander Hilfe zu vermitteln und Fragen zu klären – sofern man es versteht, sowohl die Projektinhalte als auch die Interessen der Teilnehmer aufeinander abzustimmen und sich nicht von der Gruppendynamik eines solchen Meetings überrollen zu lassen. Die richtige Vorbereitung hilft dabei, dass das gelingt.

Schritt für Schritt zum effizienten Meeting
1.	Legen Sie das Ziel und den Inhalt des Meetings eindeutig fest.
2.	Definieren Sie den Teilnehmerkreis: Wer kann aktiv etwas zur Erreichung des Ziels beitragen? Wer muss unbedingt dabei sein? Wer sollte aus politischen Gründen berücksichtigt werden?
3.	Strukturieren Sie das Meeting im Vorfeld durch eine Agenda.

Schritt für Schritt zum effizienten Meeting

4. Legen Sie in der Agenda fest, wer was wann zum Meeting beitragen soll. Bestehen Sie auf der professionellen Vorbereitung der Beiträge.

5. Sind die Beiträge anderer mit viel Vorbereitung verbunden oder haben sie kritische Inhalte, sollten Sie sich im Vorfeld die Unterstützung des Mitarbeiters sichern. Klären Sie im persönlichen Gespräch oder bei einem Telefonat, ob der Agenda-Punkt eingehalten werden kann.

6. Definieren Sie feste Zeiten für die einzelnen Agenda-Punkte. Dies hilft den Teilnehmern bei der Vorbereitung und strukturiert das Meeting.

7. Versenden Sie die Einladung einige Tage vor dem Meeting – so kann sich jeder darauf vorbereiten, eventuelle Fragen klären und Ihnen rechtzeitig Rückmeldung geben, wenn es beispielsweise zu Terminüberschneidungen kommt.

8. Präsentationen und andere Medien können dabei helfen, das Meeting effizient zu führen. Planen Sie diese im Vorfeld ein und denken Sie an die dazu benötigte Technik.

9. Gehen Sie vor dem Meeting in Gedanken die Teilnehmerliste durch: Wer könnte Interesse daran haben, das Meeting zu stören? Wer redet gerne viel, aber mit wenig Inhalt? Wer bleibt reaktiv? Bereiten Sie sich gezielt auf solche Teilnehmer vor.

10. Achten Sie streng darauf, dass das Meeting pünktlich anfängt und endet. Etwas flexibler sind Sie bei den einzelnen Themen auf der Agenda. Aber auch hier sollte es nur zu geringfügigen Zeitabweichungen kommen – abgesehen natürlich von begründeten Ausnahmen.

11. Sorgen Sie für Verbindlichkeit. Legen Sie klar fest, wer was bis wann macht und wie die Ergebnisse zur Verfügung gestellt werden – ob Daten beispielsweise ausgewertet und das Reporting grafisch dargestellt werden soll oder Ähnliches.

Schritt für Schritt zum effizienten Meeting	
12.	Halten Sie die Ergebnisse in einem Protokoll fest, das zeitnah erstellt und an alle Teilnehmer versendet wird. Sind die Protokollinhalte darüber hinaus auch für andere Projektmitarbeiter interessant, erhalten es diese ebenfalls.
13.	Vereinbaren Sie gemeinsame Meeting-Regeln, z. B., ob die Verwendung von Notebooks und Smartphones gestattet ist oder nicht.
14.	Sorgen Sie für Abwechslung, indem Sie die Settings verändern. Arbeiten Sie mit Beamer, Flipchart oder Metaplanwänden. Gestalten Sie das Meeting interaktiv, fordern Sie die Teilnehmer mit ungewohnten Fragen zum Perspektivenwechsel heraus.
15.	Planen Sie einen Agenda-Punkt für Soft Skills ein, beispielsweise, um mit dem Team über den Teamspirit zu sprechen.
16.	Nehmen Sie sich am Ende fünf Minuten Zeit, um über die Meeting-Qualität zu reflektieren und erforderliche Korrekturen vorzunehmen. So werden Meetings nicht zu lästigen Übungen in Projekten.
17.	Nehmen Sie sich von Zeit zu Zeit einen neutralen Coach dazu, der aus externer Sicht wertvolle Tipps geben kann.

So gestaltet, können Sie Projektgruppenmeetings zielgerichtet und in dem von Ihnen vorgesehenen zeitlichen Rahmen durchführen.

Wer das Meeting moderieren sollte

In der Regel werden Sie die Sitzung als Projektleiter moderieren. Schwierig wird dies jedoch, wenn es kriselt oder wenn Themen diskutiert werden, die direkt mit Ihnen und Ihren Aufgaben in Zusammenhang stehen. Für Sie ist es in solchen Fällen kaum möglich, neutral zu moderieren, was höchstwahrscheinlich zu

einem schlechten Gefühl bei allen führt. Für ein gutes und ziel-
gerichtetes Meeting sind das keine guten Voraussetzungen.

Abhilfe schafft hier ein neutraler Moderator, der die Leitung des
gesamten Meetings oder auch nur eines Agenda-Punktes übernimmt. Um keine falschen Signale zu senden, sollten Sie zu
Beginn ein paar Worte darüber verlieren, warum Sie die Moderation in andere Hände legen.

Meeting-Regeln

Für effiziente und zielgerichtete Meetings ohne schalen Beigeschmack bei den Teilnehmern haben sich folgende zehn Mee-
ting-Regeln in der Praxis bewährt.

Zehn bewährte Meeting-Regeln	
1.	Vor dem Meeting erhalten alle Teilnehmer eine Agenda, um sich auf das Meeting vorbereiten zu können.
2.	Alle Teilnehmer erscheinen pünktlich. Das Meeting endet pünktlich.
3.	Smartphones werden vor dem Betreten des Meeting-Raumes ausgeschaltet.
4.	Der Moderator gewährleistet die Einhaltung der Agenda. Er erteilt Teilnehmern das Wort und kann es ihnen wieder entziehen.
5.	Kein Redebeitrag dauert länger als 10 Minuten.
6.	Es spricht immer nur einer. Die anderen hören zu und lassen den Redner aussprechen.
7.	Abschweifungen vom Thema sind nicht erwünscht.
8.	Es werden nur Beiträge gebracht, die zur Frage bzw. zum Agen-da-Punkt passen und sachdienlich sind.
9.	Der Umgangston ist freundlich und sachlich – auch bei unterschied-lichen Standpunkten.
10.	Persönliche Fehden werden nicht im Meeting ausgetragen.

Einzelgespräche mit Teammitgliedern

Nicht alle Themen müssen in einer großen Gruppe besprochen werden. Geht es um einzelne Arbeitspakete, konkrete Fragestellungen oder auch um Qualitätsmängel, bietet sich in der Regel ein Gespräch unter vier Augen an. Je nach Themenstellung können diese Gespräche sehr kurz sein. Dies verleitet viele Führungskräfte dazu, sich nicht richtig darauf vorzubereiten. Mangelnde Vorbereitung kann sich jedoch als Fehler erweisen. Denn auch hier gilt: Nur wer mit einem konkreten Ziel in ein Mitarbeitergespräch geht, kann es letztlich auch erreichen. Die folgenden Punkte sollten Sie bei der Vorbereitung berücksichtigen.

Schritt für Schritt zum effizienten Mitarbeitergespräch
1. Machen Sie sich bewusst, was Sie von dem Gespräch erwarten: Welche Informationen möchten Sie haben? Welche Botschaft wollen Sie an den Mitarbeiter kommunizieren? Welche Ziele möchten Sie mit ihm vereinbaren?
2. Lesen Sie das Protokoll des letzten Gesprächs: Hat sich alles so entwickelt wie vereinbart? Wo muss nachgebessert werden? Welche Themen sind neu hinzugekommen?
3. Strukturieren Sie das Gespräch: Wie viel Zeit benötigen Sie für welches Thema? Wie sieht ein sinnvoller Ablauf aus?
4. Führung ist Kommunikation und Kommunikation ist keine Einbahnstraße: Ganz gleich, was Sie auf dem Herzen haben – achten Sie darauf, dass der Mitarbeiter zu Wort kommt. Vor allem bei Feedback zu Arbeitsleistung oder -ergebnissen ist es wichtig, dass er seinen eigenen Blickwinkel darstellen kann. Achten Sie besonders auf die Einhaltung der Feedback-Regeln.

Schritt für Schritt zum effizienten Mitarbeitergespräch	
5.	Laden Sie Ihren Mitarbeiter rechtzeitig ein. Achten Sie darauf, dass er sich ausreichend vorbereiten kann. Beliebte Ausnahme zu dieser Regel ist spontanes Lob für herausragende Arbeit.
6.	Enden Sie verbindlich. Halten Sie in einem kurzen Protokoll fest, was bis wann erreicht werden soll, wo Sie Verbesserungen oder eine aktivere Kommunikation erwarten. Fassen Sie das Gespräch und die Ziele abschließend zusammen.

Nicht immer geht der Impuls zu einem Gespräch von Ihnen aus. Bittet ein Mitarbeiter um einen Termin, hat dies auch stets einen konkreten Grund. Das kann ein Problem, ein Konflikt im Team oder ein anderer Aspekt sein, der sich direkt auf das Projekt bzw. das Arbeitspaket auswirkt. Je eher Sie sich mit dem Mitarbeiter zusammensetzen, umso schneller können die offenen Fragen geklärt und Probleme behoben werden. Fragen Sie im Vorfeld, worum es geht und wie viel Zeit Sie einplanen sollten.

Führung kostet Zeit

Mitarbeiterführung ist zeitintensiv. Sie fordert Ihre ganze Aufmerksamkeit, Ihre ganze soziale Kompetenz. Und gleichzeitig ist Sie nur eine der Aufgaben, denen Sie als Projektleiter gerecht werden müssen. Umso wichtiger ist es, dass Sie sich zwischen Meetings und Mitarbeitergesprächen nicht verzetteln, sondern immer noch genügend Spielraum für die operativen Aufgaben haben.

Klingt leichter gesagt als getan? Jein – denn auch wenn die Informationen und der direkte Kontakt zu den Projektmitarbeitern wichtig ist, kann die Kommunikation untereinander effizient gestaltet werden. Das fängt damit an, dass Meetings nicht aus Gewohnheit, sondern aus Anlass einberufen werden. Zudem können Sie einen Teil der Kommunikation delegieren – nämlich all die Gespräche und Meetings, in denen es um das reine Abfragen und Sammeln von Informationen geht. Hier können Sie gerade bei komplexen Projekten viel Zeit sparen, indem Sie für einzelne Teilprojekte Ansprechpartner benennen und sie mit dieser Aufgabe beauftragen.

BEISPIEL

Der Zeitplan ist eng, der Druck hoch. Umso wichtiger erscheint es Brigitte, dass sie Abweichungen vom Projektplan und eventuelle Schwierigkeiten so schnell wie möglich mitbekommt. Deshalb setzt sie wöchentliche Meetings an, in denen die Projektmitarbeiter über ihre Fortschritte berichten. Aufgrund der Vielzahl der Arbeitspakete werden die Meetings jedoch immer wieder zeitlich gesprengt – als Folge kommen nicht alle Mitarbeiter zu Wort, Probleme werden nicht zur Sprache gebracht. Frustration macht sich breit.

Schnell erkennt Brigitte, dass sie mit ihrer ersten Idee genau das Gegenteil dessen erreichte, was sie eigentlich vorhatte. Deshalb bündelt sie die Arbeitspakete thematisch. Sie ernennt fünf Teilprojekt-Leiter, die die Informationen für sie sammeln und strukturieren. Mit ihnen trifft sie sich nun einmal die Woche, während die anderen Projektmitarbeiter die Zeit effizient für ihre Arbeit nutzen können. Da die Teilprojekt-Leiter den Überblick über ihren gesamten Bereich haben, erkennen sie Zusammenhänge bei den Problemen und können proaktiv Lösungen vorschlagen. Brigitte erhält so neben der von ihr gewünschten Information auch eine kompetente fachliche Unterstützung, die das Gesamtprojekt nach vorne bringt. Gleichzeitig erfährt sie aufgrund des engen Kontaktes frühzeitig von schwelenden Konflikten und besonderen Problemen. So kann sie gezielt Gespräche mit den beteiligten Mitarbeitern führen.

Kernaufgabe: Delegieren

Als Projektleiter haben Sie den Überblick über das Gesamtprojekt. Sie wissen, wer in Ihrem Team an welcher Aufgabe arbeitet und wie fortgeschritten die einzelnen Lösungen sind. Sie kennen die Punkte, an denen es hakt, und wissen, wer Unterstützung braucht. Sie haben die Termine im Blick und die Kosten. Sie schlichten Streit und greifen bei Konflikten ein – möglichst noch, bevor sie entstehen.

Kurz: Sie haben den Helikopterblick. Voraussetzung dafür ist jedoch, dass Sie sich nicht in den Details verlieren, die der Projektalltag mit sich bringt. Natürlich ist es Ihre Aufgabe, den Projektplan zu erstellen – aber nicht jedes Detail dazu muss aus Ihrer Feder stammen. Schließlich haben Sie Experten am Tisch, die dies fachlich besser können sollten, z. B., weil sie wissen, welche Genehmigungen gebraucht werden und wie viel Zeit man dazu einplanen sollte.

Das Delegieren von Aufgaben entlastet damit nicht nur Sie als Projektleiter – es ist zudem wichtig, um die bestmöglichen Lösungen für die Herausforderungen in Ihrem Projekt zu erzielen. Gleichzeitig identifizieren sich Projektmitarbeiter, die mehr Handlungsspielräume haben, stärker mit dem Projekt. Sie sind motivierter und stehen damit auch mehr hinter Ihnen.

Trotzdem neigen viele Menschen dazu, Aufgaben lieber »schnell selbst« zu machen, statt sich dafür die Kompetenz anderer zu sichern. Oder aber Mitarbeiter scheuen sich, die Verantwortung zu übernehmen und delegieren Entscheidungen an Sie zurück.

Häufig liegt es einfach daran, dass wir nicht gelernt haben, Aufgaben loszulassen, oder dass wir Angst davor haben, andere mit Aufgaben zu überfordern. Anhaltspunkte, ob eine Aufgabe an einen Mitarbeiter delegiert werden kann, gibt die folgende Checkliste. Je öfter Sie »Trifft zu« ankreuzen können, desto besser lässt sich eine Aufgabe übertragen.

Checkliste: Delegieren oder nicht?	
Frage	**Trifft zu**
Entspricht die fachliche Kompetenz des Mitarbeiters der Aufgabe?	
Verfügt der Mitarbeiter über das nötige arbeitsmethodische Know-how?	
Verfügt er über ein internes Netzwerk, das ihm bei der Bearbeitung der Aufgabe hilft?	
Bringt er genügend Erfahrung mit, um die Aufgabe ganz zu durchdringen?	
Hat der Mitarbeiter das ganze Projekt/Teilprojekt im Blick? Denkt er über die direkte Aufgabenstellung im Sinne des Projekts hinaus?	
Ist er selbstkritisch? Steht er zu Fehlern und ist er bereit, sich bei Bedarf Unterstützung zu holen?	
Stellt sich der Mitarbeiter auch in kritischen Phasen, so z. B. bei erhöhter Arbeitsbelastung, den Problemen?	

Kontrollieren und Feedback geben

Delegieren bedeutet nicht, die Mitarbeiter einfach machen zu lassen. Im Gegenteil: Zu den Aufgaben eines Projektleiters gehört es, den Fortschritt im Blick zu behalten. Nur so können Sie gewährleisten, dass die Zwischenziele wirklich erreicht und potenzielle Probleme rechtzeitig erkannt werden.

Auch für die Projektmitarbeiter ist die Kontrolle wichtig, zeigt sie doch Ihr Interesse an den Arbeitsergebnissen. Nichts ist frustrierender, als Aufgaben zu bearbeiten, nach denen später niemand fragt. Und nichts ist verführerischer, als eben solche Aufgaben vor sich herzuschieben – gerade dann, wenn es an anderer Stelle eng wird.

Kontrolle ist deshalb keine Formsache, sondern das notwendige Gegengewicht zu Delegation und Zielvereinbarung. Sie ist Ihr Garant dafür, dass Sie bei Bedarf rechtzeitig eingreifen können – beispielsweise, wenn Sie nach einer Weile feststellen, dass die Arbeitsergebnisse nicht Ihren Vorstellungen entsprechen. In solchen Fällen ist Spurensuche gefragt: Haben Sie die fachliche Kompetenz falsch eingeschätzt? Haben Sie die Arbeitsaufträge nicht klar genug oder nicht vollständig erklärt? Gab es Missverständnisse, die im Vorfeld nicht erkannt wurden?

Sprechen Sie den jeweiligen Mitarbeiter auf Ihren Eindruck an. Geben Sie ihm Feedback, warum Sie mit seinen Leistungen nicht zufrieden sind. Beziehen Sie ihn in Ihre Spurensuche mit ein – vielleicht gibt es ja einen ganz konkreten Grund, weshalb etwas nicht so klappt wie gewünscht. Möglicherweise liegen die Ursachen für seine schlechten Arbeitsergebnisse auch tiefer – in fehlender Resilienz oder einem drohenden Burn-out. In diesem Fall braucht er dringend Ihre Unterstützung – und die des gesamten Teams!

Zehn Feedback-Regeln für ein erfolgreiches Miteinander

1. Nicht jeder kann gut mit Kritik umgehen, auch wenn diese noch so konstruktiv ist. Achten Sie deshalb unbedingt auf eine angenehme Atmosphäre. Vermeiden Sie es z.B., dass Ihr Gesprächspartner vor Ihrem Schreibtisch stehen muss, während Sie ihm Feedback geben.

2. Formulieren Sie Ich-Botschaften: »Ich habe wahrgenommen, dass ...«, »Ich habe beobachtet, wie ...« Verzichten Sie dabei auf eine Wertung. Konzentrieren Sie sich auf die Beschreibung.

3. Geben Sie Ihr Feedback klar und sachlich richtig. Es muss nachvollziehbar sein.

4. Verzichten Sie auf Vorwürfe und moralische Verurteilungen – beides bringt Ihr Gegenüber schnell in die Situation, sich rechtfertigen zu müssen.

5. Werden Sie konkret und vermeiden Sie Pauschalisierungen. Stört Sie eine permanente Unpünktlichkeit, sollten Sie Beispiele nennen, statt zu sagen: »Sie kommen immer zu spät«, oder: »Ihre Ergebnisse kommen nur mit Verzögerung«.

6. Achten Sie darauf, dass Ihr Gesprächspartner aus dem Feedback einen konkreten Nutzen ziehen kann: Was erwarten Sie von ihm? Wie kann er sich verbessern? Was sollte er ändern?

7. Warten Sie nicht zu lange mit dem Feedback. Alle sollten sich noch an die Situation erinnern können.

8. Nutzen Sie einen passenden Zeitpunkt. Feedback sollte nicht in emotional aufgewühlten Situationen oder in einem Moment höchster (Arbeits-)Belastung gegeben werden.

Zehn Feedback-Regeln für ein erfolgreiches Miteinander

9. Gestalten Sie Feedback als Dialog. Geben Sie Ihrem Gegenüber die Möglichkeit, seine Wahrnehmung darzustellen und so auf Ihre Rückmeldung zu reagieren.

10. Treffen Sie klare Vereinbarungen. Was erwarten Sie nun von dem anderen? Ist er dazu bereit? Was passiert bis wann? Und wenn nichts passiert: Wie verbleiben Sie dann?

Alles läuft wie geschmiert? Die Arbeitsergebnisse stimmen, der Zeitplan wird eingehalten? Dann sollten Sie Ihrem Team zeigen, dass Sie zufrieden sind. Begründetes Lob motiviert das Team zu weiteren Bestleistungen – und beugt Burn-out-Erkrankungen vor.

Stress? Behalten Sie Ihre Mitarbeiter im Auge

Als Vorgesetzter haben Sie neben der Verantwortung für das Projekt auch Verantwortung für die Gesundheit Ihrer Mitarbeiter. Dies gilt auch, wenn Sie nicht der disziplinarische Vorgesetzte sind. Dabei sollten Sie auch aus eigenem Interesse auf die Gesundheit der Teammitglieder achten: Fehlzeiten sind nicht nur kostenintensiv – sie können im Zweifel auch Ihr Projekt gefährden. Entsprechend aufmerksam sollten Sie im Umgang mit Ihren Mitarbeitern sein. Haben Sie den Verdacht, dass einer oder mehrere von ihnen ausgebrannt sind, sollten Sie genauer hinschauen.

- In der **Anfangsphase** ist der Betroffene sehr engagiert und steckt viel Zeit in das Projekt und seine weiteren Aufgaben. Er kann nicht mehr abschalten und wird weniger leistungsfähig. Um dies aufzufangen, leistet er freiwillig unbezahlte Mehrarbeit. Er verleugnet seine Gefühle, verdrängt Misserfolge und

Enttäuschungen. Es zeigen sich erste Anzeichen der Erschöpfung, wie z. B. Appetitlosigkeit, Energie- und Schlafmangel sowie eine erhöhte Anfälligkeit für Infektionen.

• In der **Übergangsphase** kippt die Stimmung. Der Mitarbeiter erwartet, dass sein hoher Einsatz bemerkt wird und er dafür die verdiente Anerkennung erhält. Bleibt diese aus, führt die Enttäuschung zur »inneren Kündigung«. Es werden nur noch die nötigsten Aufgaben erfüllt. Verschärft sich die Situation, zieht sich der Mitarbeiter immer mehr aus dem sozialen Leben zurück. Er zeigt Desinteresse und Gleichgültigkeit, gibt Hobbys auf. Es kommt zu psychosomatischen Störungen und Problemen in Familie und Freundeskreis.

• In der **letzten Phase** überwiegen Verzweiflung und Hoffnungslosigkeit. Das Leben erscheint wert- und nutzlos; es treten Suizidgedanken auf.

BEISPIEL

Als Werner (48) vor 15 Jahren bei einem Projekt in einem internationalen Automobilkonzern mitarbeiten durfte, war er Feuer und Flamme. Das Projekt sollte ihm als Sprungbrett für seinen nächsten Karriereschritt dienen. Schließlich verfügte er über die Fähigkeiten und Kompetenzen, die gerade für dieses Projekt wichtig waren. Er brannte für seinen Job und legte sich mächtig ins Zeug – auch, als immer neue Anforderungen an ihn gestellt wurden und sich das Projekt immer weiter hinauszögerte.

Irgendwann fing er an, sich über den Projektleiter zu ärgern. Positives Feedback war Mangelware. Werner fühlte sich alleingelassen. Er verlor die Lust und fing an, schlecht über den Projektleiter zu sprechen. Konzentrationsschwäche, Herzrasen, ständige Rückenverspannungen, permanente Müdigkeit und so manche schlaflose Nacht folgten und machten ihn immer reizbarer.

> Er kann die Situation selbst nicht so richtig einordnen, außer dass dieser Zustand ihn zunehmend unzufrieden macht. Weil er seine Freunde und Familie nicht mit seiner schlechten Laune behelligen will, zieht er sich immer mehr zurück. Er kann sich nicht mehr erinnern, wann er das letzte Mal etwas Schönes unternommen hat. Schließlich hat er niemanden mehr, mit dem er reden kann, fühlt sich allein und nutzlos. Er mag nicht mehr zur Arbeit gehen, mag nicht mehr aufstehen und denkt darüber nach, sein Leben zu beenden.

So wie Werner ergeht es vielen Menschen. Sie nehmen die Anzeichen eines drohenden Burn-outs nicht ernst und versuchen, sie zu negieren oder zu vertuschen. Einigen gelingt das so gut, dass die Symptome anderen nicht auffallen. Hinzu kommt oft, dass Vorgesetzte und Projektleiter selbst unter Druck stehen und ihn weiter delegieren, während für Lob und Anerkennung keine Zeit zu sein scheint – eine Situation, die auf Dauer krank macht.

Drohender Burn-out – und nun?

Auch wenn die Anforderungen an Projektleiter und -mitarbeiter stetig steigen, sind wir dem Risiko, krank zu werden, nicht hilflos ausgeliefert. Wichtig ist, den Ursachen eines drohenden Burn-outs auf den Grund zu kommen. Die folgenden Tipps helfen Ihnen dabei.

Burn-out-Prophylaxe

1. Stressquellen identifizieren: Jeder von uns hat seine ganz persönlichen Stressquellen. Der eine reagiert bei Zeitdruck panisch, den anderen hingegen beflügeln kurze Reaktionszeiten. Nehmen Sie sich die Zeit, Ihre persönlichen Stressauslöser zu finden, so z. B. durch Stress- und Belastungstabellen.

Burn-out-Prophylaxe	
2.	Verhaltensmuster identifizieren: Häufig tragen wir selbst dazu bei, dass wir in Stresssituationen geraten. So z. B., wenn wir Aufgaben annehmen, die wir zeitlich gar nicht bewältigen können. Beobachten Sie deshalb Ihr Verhalten: Wann ist es – direkt oder indirekt – der Auslöser, dass Sie in belastende Stresssituationen kommen?
3.	Grenzen setzen: Sagen Sie öfter Nein. Und zwar auch dann, wenn Sie eine Aufgabe vielleicht noch übernehmen könnten. Allein dieses »könnten« zeigt bereits, dass Sie dafür an anderer Stelle Abstriche machen müssten, z. B. an Ihrer Freizeit. Und gerade die ist besonders wichtig, um wieder Kraft schöpfen zu können für die beruflichen Herausforderungen.
4.	Zeitmanagement optimieren: Ordnen Sie Aufgaben nach Wichtigkeit und Dringlichkeit. Delegieren Sie diejenigen, die unwichtig sind oder von anderen besser gelöst werden können.
5.	Angenehme Arbeitsatmosphäre schaffen: Hohe Papierstapel auf dem Schreibtisch wirken erdrückend – eine Pflanze hellt auf und beruhigt. Schaffen Sie sich eine Arbeitsumgebung, in der Sie gern arbeiten und sich konzentrieren können.
6.	Soziale Unterstützung sichern: Freunde, Familie, Hobbys – das alles sorgt nicht nur für Ausgleich, es gibt uns auch Halt. Dieser ist besonders jetzt wichtig. Planen Sie deshalb aktiv Zeit für Ihre Freizeit und für Menschen ein, die Ihnen nahestehen.
7.	Entspannen Sie: Nutzen Sie autogenes Training, Yoga oder lange Spaziergänge, um Ihren Kopf frei zu bekommen und zu entspannen. Planen Sie feste Zeiten dafür ein, die Sie nicht verschieben.

Eine Stresstabelle, anhand derer Sie eine erste Einschätzung Ihrer persönlichen Situation vornehmen können, finden Sie auf haufe.de/mybook nach Eingabe des Codes TGA-HL12 in der Rubrik »Management«.

Die Team-Zusammenstellung: nur der richtige Mix führt zum Erfolg

Fachliche Kompetenz alleine reicht für einen Projekterfolg nicht aus. Im Gegenteil: Die Teammitglieder müssen nicht nur entsprechende Soft Skills mitbringen, sondern auch noch gemeinsam gut miteinander arbeiten können. Eine wichtige Voraussetzung dafür ist, dass Sie bei der Verteilung der Aufgaben die fachlichen und sozialen Kompetenzen der Projektmitarbeiter berücksichtigen. Dies stärkt die Identifikation der Mitarbeiter mit ihren Aufgaben und dem Projekt – und trägt so zum Projekterfolg bei.

Erfolg mit neun Aufgabenbereichen

Die australischen Wissenschaftler und Team-Management-Experten Charles Margerison und Dick McCann haben festgestellt, dass ein Team dann erfolgreich zusammenarbeitet, wenn darin die folgenden neun Aufgabenbereiche abgedeckt sind.

Die neun Aufgabenbereiche nach Margerison und McCann	
Beraten	Informationen sammeln, auswerten und weitergeben
Innovieren	Ideen hervorbringen und damit experimentieren
Promoten	Möglichkeiten erkunden und präsentieren
Entwickeln	Aus Ideen funktionierende Produkte machen
Organisieren	Menschen und Ressourcen einsetzen, Arbeiten koordinieren
Umsetzen	Ergebnisse erzielen, Produkte auf den Markt bringen, Dienstleistungen erbringen
Überwachen	Prozesse und Verträge kontrollieren und Qualität prüfen
Stabilisieren	Standards und Werte aufrechterhalten
Verbinden	Sicherstellen von Austausch und Zusammenarbeit

Das Team Management System

Diese Erkenntnisse haben sie in das sog. Team Management System (TMS©) einfließen lassen, das folgende Teamrollen vorsieht:

- **Informierter Berater:** Er versteht sich auf das Beschaffen von Informationen und deren Verteilung an die Teammitglieder. Er verfügt über eine gute Beobachtungsgabe, kann gut zuhören und besitzt ein Talent zur Auswertung der Informationen.

- **Kreativer Innovator:** Er will etwas Neues erleben oder erschaffen und braucht dazu entsprechenden Freiraum. Er blickt nach vorn und legt sich ungern fest. Der Innovator startet gerne durch, ohne etwas konsequent zu Ende zu bringen.

- **Entdeckender Promoter:** Er denkt konzeptionell, ist gut vernetzt und damit unschlagbar, wenn es darum geht, für Ideen oder Lösungen zu werben. Er ist interessiert und leicht zu begeistern, sieht gern das große Ganze.

- **Auswählender Entwickler:** Er analysiert die Ideen, berechnet die Kosten und wählt aus, welchen Weg das Team verfolgen sollte. Damit ist er die optimale Schnittstelle zwischen Idee und Tat.

- **Zielstrebiger Organisator:** Er agiert aufgabenorientiert und hat die Ziele immer im Blick. Er weiß, was von wem bis wann zu erledigen ist, entscheidet bei Herausforderungen schnell und gibt praktischen Lösungen den Vorrang.

- **Systemischer Umsetzer:** Bei ihm zählen Resultate. Er ist umsetzungsorientiert, mag gleichbleibende Strukturen und arbeitet detailorientiert. Checklisten gehören zu seinen beliebtesten Arbeitsmitteln.

- **Kontrollierender Überwacher:** Er eignet sich hervorragend zur Qualitätssicherung, da er einen hohen Sinn für Vollständigkeit hat und keine Ungenauigkeiten mag. Oft zurückhaltend und besonnen findet er die Fehler im System und behebt sie.

- **Unterstützender Stabilisator:** Mit seiner Verbindlichkeit schlägt er Brücken und betont die Gemeinsamkeiten im Team. Er pflegt Werte und die Teamkultur und unterstützt andere. Hervorragend als Back-up bzw. Assistenz geeignet.

> Weitere Informationen zum TMS© finden Sie unter www.tms-zentrum.de.

Die Arbeitspräferenzen

Um herauszufinden, wo die Arbeitspräferenzen nach TMS© liegen, hilft ein Blick auf die Schlüsselbereiche, die unseren Arbeitstag bestimmen: Kommunikation, Umgang mit Informationen, Entscheidungsverhalten und Organisation. Schauen wir genauer hin.

- Kommunikation: Es gibt Menschen, die sehr gerne mit anderen kommunizieren. Sie suchen aktiv den Kontakt, diskutieren und beziehen Stellung. Diese extravertierten Persönlichkeiten eignen sich wunderbar, um Brücken zu bauen und den Informationsfluss untereinander sicher zu stellen oder den Kontakt zu Stakeholdern zu pflegen. Introvertierte Menschen wären mit dieser Aufgabe unglücklich. Sie durchdenken alles gründlich, sind still und arbeiten lieber für sich allein.

- Umgang mit Informationen: Auch hier gibt es große Unterschiede. Während die einen klare Informationen bevorzugen, mit denen sie konkret arbeiten können, lieben andere die Interpretationsspielräume, die ihnen die Chance eröffnen, etwas Neues auszuprobieren.

- Entscheidungsverhalten: Hier unterscheiden wir zwischen Analytikern und Gefühlsmenschen. Gefühlsmenschen folgen ihrem Bauchgefühl sowie ihren inneren Werten und begründen ihre Entscheidungen subjektiv. Den Gegenpol dazu bilden die Analytiker. Sie legen ihren Entscheidungen objektive Kriterien zugrunde. Ihr Engagement hängt, anders als bei den Gefühlsmenschen, von konkreten Zielen ab, die es zu erreichen gilt.

- Organisation: Auch die Art, wie wir uns organisieren, ist recht unterschiedlich. Die einen lieben es strukturiert, arbeiten zeit- und terminbewusst und können schnell faktenbasierte Entscheidungen fällen. Andere warten lieber, bis sie alle Informationen vorliegen haben, erkunden neue Situationen und nehmen Termine nicht ganz so genau. Zudem wechseln sie gerne die Meinung, wenn sie neue Informationen bekommen.

Natürlich gibt es hier – wie bei allen Modellen, die mit Persönlichkeitstypen arbeiten – zahlreiche Mischformen. Das macht es für Projektleiter nicht einfacher. Trotzdem kann allein die

Überlegung, wo bei dem Einzelnen die Stärken und Schwächen liegen, bei der Teamzusammensetzung sehr hilfreich sein. Selbsteinschätzungen der Mitarbeiter oder auch Berichte von Kolleginnen und Kollegen können eine zusätzliche Hilfestellung bieten.

Test: Welcher Persönlichkeitstyp sind Sie?

Übrigens: Auch das Wissen darum, welcher Persönlichkeitstyp man selber ist, hilft Projektleitern und -mitarbeitern bei der täglichen Aufgabenbewältigung weiter. Wenn Sie erfahren wollen, wie Sie »ticken«, machen Sie den folgenden Test. Kreuzen Sie diejenigen Aussagen an, die auf Sie zutreffen.

Kommunikation		Trifft zu
Ich bin gerne mit anderen zusammen, spreche gern und entwickle meine Gedanken, während ich rede.	E	
Bevor ich rede, denke ich nach. Ich arbeite lieber für mich alleine und bin eher still.	I	
Information		**Trifft zu**
Mir liegen klar definierte Probleme, die ich gerne löse. Routineaufgaben machen Spaß.	P	
Routinen langweilen mich. Ich liebe herausfordernde und vielschichtige Aufgaben, die neue Wege erfordern.	K	
Entscheidungen		**Trifft zu**
Meine Entscheidungen basieren auf Fakten und den Ergebnissen einer genauen Recherche.	A	
Ich vertraue meiner Intuition und verlasse mich gern auf mein Bauchgefühl.	B	

Organisation		Trifft zu
Klare Verhältnisse, Ordnung und ein aufgeräumter Schreibtisch sind mein Ding. Termine und Pläne halte ich ein.	S	
Ich bin flexibel, kann mit Unordnung gut umgehen und sehe Termine eher als grobe Richtschnur, nicht aber als verpflichtend an.	F	

Notieren Sie sich nun die Buchstaben, die jeweils in der Zeile der von Ihnen angekreuzten Aussagen stehen. Die Buchstabenkombination, die damit entsteht, verrät Ihnen, wie Sie am liebsten arbeiten bzw. welche Teamrolle die einzelnen Projektmitarbeiter einnehmen sollten.

Arbeitspräferenzen und Teamrollen	
Informierter Berater	IKBFEPBF
Kreativer Innovator	EKBFIKAF
Entdeckender Promoter	EKAFEKBS
Auswählender Entwickler	EKASEPAF
Zielstrebiger Organisator	EPASIKAS
Systemischer Unterstützer	EPBAIPAS
Kontrollierender Überwacher	IPBSIPAF
Unterstützender Stabilisator	IPBFIKBS

TMS© ist nur eines von zahlreichen Systemen, die mit Persönlichkeitstypen arbeiten. Ein anderes bekanntes Beispiel ist Insights MDI®, das die Persönlichkeiten anhand eines Farbschemas einteilt. Unterschieden werden dort rote, gelbe, blaue und grüne Persönlichkeitstypen.

Optimal: Jedes Teammitglied macht das, was es kann und mag

Wenn es Ihnen gelingt, die Teamrollen nach den Arbeitspräferenzen zu verteilen, haben Sie schon halb gewonnen. Achten Sie darauf, dass der Einzelne die ihm zugeteilten Aufgaben nach Möglichkeit gerne löst – noch besser natürlich mit Begeisterung. Dies wird nicht immer gelingen. Umso mehr sollten Sie deshalb Ihr Augenmerk darauf richten, dass die als positiv wahrgenommenen Aufgaben überwiegen. Konkret bedeutet dies bezogen auf die Teamrollen:

- **Informierter Berater:** Er ist der unterstützende Helfer, der Ruhe braucht, um arbeiten zu können. Er recherchiert gern, kanalisiert intern Informationen und schreibt gerne Angebote. Aufträge, bei denen er viele Details und Unwägbarkeiten berücksichtigen muss, wie z. B. die Organisation einer Tagung, sind ihm ein Graus.

- **Kreativer Innovator:** Er liebt komplexe Aufgaben und forscht gerne. Dank seiner Visionskraft entwickelt er mit Vorliebe neue Produkte und löst Probleme. Das Umsetzen von Ergebnissen langweilt ihn.

- **Entdeckender Promoter:** Er fühlt sich als überzeugender Verkäufer im Marketing und Vertrieb zu Hause. Da er Abwechslung braucht, schrecken ihn Routineaufgaben und Qualitätssicherung ab.

- **Auswählender Entwickler:** Er ist ein Ideenentwickler, der gerne analytisch arbeitet und ausprobiert. Dementsprechend entwickelt er gerne Produkte. Vertrieb und Wissensvermitt-lung gehören dagegen nicht zu seinen Stärken.

- **Zielstrebiger Organisator:** Ziel- und ergebnisorientiertes Ar-beiten ist seine Stärke. Projektplanung und die Organisation von Meetings sind gut bei ihm aufgehoben. Recherchen öden ihn an.

- **Systematischer Umsetzer:** Er braucht Ordnung und liebt so-wohl Effizienz als auch Effektivität. Der systematische Um-setzer eignet sich hervorragend für Aufgaben im Bereich der Qualitätssicherung oder für das Testen neuer Produkte. Neu-und Weiterentwicklungen gehören hingegen nicht zu seinen Traumaufgaben.

- **Kontrollierender Überwacher:** Er liebt Details und klare Vor-gaben – und ist damit perfekt im Projektcontrolling aufgeho-ben. Marketing und Vertrieb schrecken ihn dagegen ab.

- **Unterstützender Stabilisator:** Er agiert werteorientiert und loyal. Wissensvermittlung gehört zu seinen Stärken, während er sich nicht gerne aktiv an Entwicklungen beteiligt.

Eine wichtige Rolle deckt das TMS© nicht ab: den Brückenbauer, der all diese Projektmitarbeiter miteinander verbindet. Das ist eine der wesentlichen Aufgaben, die Sie als Projektleiter in-nehaben. Je nachdem, wo Ihre Stärken und Schwächen liegen bzw. welche Arbeitspräferenzen Sie haben, möchten Sie damit vielleicht so wenig wie möglich zu tun haben. In diesem Fall müssen Sie alle Aufgaben, die mit der internen Vernetzung, mit dem aktiven Zuhören und der Weitergabe von Informationen an ein Teammitglied zu tun haben, an einen Stellvertreter delegieren.

Frustration und Burn-out verhindern

Soft Skills, fachliche Kompetenzen und die Berücksichtigung von Arbeitspräferenzen – um das richtige Team zusammenzustellen, gilt es auf zahlreiche Details zu achten. Im Trubel des Projektalltags ist dies wichtig, damit alle an einem Strang ziehen und das gemeinsame Ziel nicht aus den Augen verlieren.

Bleiben wir zunächst bei den Arbeitspräferenzen: Das Wissen darüber, wie Ihre Projektmitarbeiter zu Höchstform auflaufen, hilft Ihnen nicht nur bei der Aufgabenverteilung. Es ist bereits bei der Teamzusammensetzung ein wichtiger Aspekt. Achten Sie darauf, dass sich die Charaktere ergänzen, dass Sie z. B. sowohl den Visionär als auch den Detailverliebten im Team haben und den Zahlenmenschen wie den Gefühlsmenschen. Beachten Sie auch, dass diese Menschen klare Rollen und Aufgaben haben, mit denen sie sich identifizieren können.

Ein weiterer wichtiger Punkt ist die Motivation der Menschen: Was treibt die einzelnen Teammitglieder an? Mit welchen Erwartungen starten sie? Welche Ziele für die eigene Karriere verbinden sie mit ihrer Tätigkeit im Projekt? Diese Informationen können Sie nutzen, um Ihre Mitarbeiter gezielt zu fordern und zu fördern – beispielsweise, indem Sie die bekannten Motivatoren in die Gespräche miteinfließen lassen. Ebenso dazu gehört es, dass Sie die Teammitglieder aktiv um Rat fragen, sie in Entscheidungen miteinbeziehen oder loben – und dies nicht nur bei extrem guten Leistungen, sondern auch für überdurchschnittliches Engagement und anderes Positives.

Stressfaktor Nr. 1: ungenaue Vorgaben

Eigentlich sollte es selbstverständlich sein: Damit wir Ziele erreichen können, müssen wir diese kennen. Dies gilt auch dann, wenn wir sehr eigenständig arbeiten können oder sollen. Je besser wir wissen, was bis wann in welchem Umfang oder in welcher Qualität fertig sein soll, umso eher sind wir in der Lage, das gewünschte Ergebnis zu erzielen. Denn nur derjenige, der weiß, was das Ziel ist, weiß, wohin er laufen muss.

Ungenaue Aufgabenstellungen hingegen verunsichern uns und setzen uns unter Stress. Dies ist vor allem dann der Fall, wenn wir alles perfekt machen wollen. Wir holen dann nicht nur drei Vergleichsangebote ein, sondern recherchieren weiter mit dem Ziel, einen noch günstigeren Anbieter zu finden. Oder wir rechnen alle Details noch drei Mal nach, damit uns auch ganz bestimmt kein Fehler unterläuft. Sind wir unsicher, welches Ergebnis von uns erwartet wird, bereiten wir uns auf die unterschiedlichen Möglichkeiten vor – man will sich ja schließlich nicht blamieren, oder?

Stressfaktor Nr. 2: nicht Nein sagen können

Ein weiterer wesentlicher Stressfaktor, der mit ungenauen Zielvorgaben einhergeht, ist die Unfähigkeit, Nein zu sagen. Je ungenauer die Ziele gesetzt sind, umso weniger können wir den wirklichen Arbeitsaufwand abschätzen – und umso eher lassen wir uns zu weiteren Aufgaben überreden. Das passiert auch dann, wenn der Schreibtisch bereits voll ist, und vor allem, wenn die Bitte, »mal eben« dies oder das mit zu übernehmen, so harmlos daherkommt. Für Projektmitarbeiter ist das besonders brisant – schließlich haben sie neben dem Projekt zahlreiche weitere Aufgaben. Kommt der Linienvorgesetze mit Zusatzaufgaben auf sie zu, ohne dass sie ein Nein wirklich gut begründen können, wächst die Zahl der Aufgabenstellungen weiter an. Langfristig leidet darunter nicht nur die Qualität der Leistungen, sondern auch die Gesundheit der Mitarbeiter. Zudem führen diese Situationen zwangsläufig zu Konflikten – ein weiterer wichtiger Stressfaktor, der sich negativ auf die Motivation, die Leistungsfähigkeit und die Gesundheit auswirkt. Soweit muss und sollte es natürlich nicht kommen.

Selbstführung: resiliente Projektleiter braucht das Team

Stress ist nicht gleich Stress. Eine kurzfristige hohe Arbeitsbelastung, die uns Spaß macht und beflügelt, kann positiven Stress auslösen. Die Folge: Wir schlafen besser, sind ausgeglichener und vitaler. Positiver Stress wirkt sich nicht nachteilig auf die Gesundheit aus. Ganz anders ist das beim negativen Stress. Er belastet uns, sodass wir mehr Energie verbrauchen. Zudem halten wir unseren Körper die ganze Zeit in Alarmbereitschaft – mit gravierenden Folgen: Wir sind anfälliger für Krankheiten und belasten unser Herz-Kreislauf-System sowie unser Gehirn überproportional. Mögliche Folgen sind Lustlosigkeit, Magengeschwüre, Burn-out und Depression.

Wie wir mit diesen Stresssituationen umgehen, hängt von unserer Persönlichkeit ab, davon, wie resilient wir sind. Resiliente Menschen können gut mit nicht vorhersehbaren Veränderungen während eines Projektes, Konflikten im Team und mit einzelnen Stakeholdern, möglichen Identifikationskrisen mit dem Projektauftrag und dessen Zielen, personellen Ausfällen und all den sonstigen alltäglichen Widrigkeiten umgehen. Sie lassen sich davon nicht entmutigen, sondern stellen sich mit dem Blick nach vorne zuversichtlich auf Neues ein.

Resilienz ist quasi unsere innere Stärke, dank der wir souverän und gelassen auf Schwierigkeiten und Konflikte reagieren. Sie bewahrt uns vor stressiger, emotionaler Eskalation. Sie hilft uns, schnell und flexibel Entscheidungen zu treffen, auch wenn noch nicht alle Details bekannt sind. Resilienz lässt uns auch bei Ungewissheit und geänderten Rahmenbedingungen positiv nach vorne blicken – im Bewusstsein, dass wir alle Ressourcen in uns tragen, die wir brauchen, um die Herausforderungen lösen zu können. Enge Zielvorgaben und Termine, knappe Budgets oder fehlendes Wissen verlieren so ihren Schrecken und werden beherrschbar. Unsere innere Widerstandskraft hilft dabei, uns dank dieser Herausforderungen weiterzuentwickeln und an ihnen zu wachsen. Probleme werden so zu Chancen. Misserfolge dienen dazu, aus ihnen zu lernen und es beim nächsten Mal besser zu machen – ohne sich selbst als Person infrage zu stellen.

Wie wir mit sich ständig ändernden Anforderungen und mit Stress umgehen, liegt also vor allem in uns selbst begründet. Was einen resilienten Menschen ausmacht, haben Sie im Kapitel »Die Survival-Strategie: Resilienz« erfahren. Konzentrieren wir uns nun darauf, wie es gelingt, mehr Resilienz zu entwickeln.

Die Sieben Schlüssel zu mehr innerer Stärke

Resilienz lässt sich lernen und trainieren. Wir können mit ihr wachsen und uns mit ihr weiterentwickeln. Analog zu den Sieben Säulen der Resilienz hat Andrew Shatté dazu »Sieben Schlüssel zum Erreichen innerer Stärke« entwickelt. Sein Ansatz:

- Gefühle werden Gedanken.
- Gedanken werden Worte.
- Worte werden Taten.

Ähnlich wie der österreichische Therapeut und Philosoph Victor Frankl setzt Andrew Shatté damit auf die Macht der Gedanken und einen gezielten Perspektivenwechsel. Die Sieben Schlüssel zur Resilienz sind nach Shatté:

- Gedanken beobachten
- Denkfallen identifizieren

- Eisberg-Überzeugungen aufspüren
- Lösungskompetenz trainieren
- Katastrophendenken stoppen
- Beruhigen und Fokussieren
- Resilienztechniken in Echtzeit praktizieren

Schlüssel Nr. 1: Gedanken beobachten

Versetzen Sie sich in folgende Situation: Sie stecken mitten in einem internationalen Projekt, das erste Arbeitspaket ist fast beendet – da ändern sich plötzlich die Rahmenbedingungen. Und dies nicht zum ersten Mal. Schnell wird klar, dass das Mehr an verlangten Dokumentationen und die neuen starren Strukturen Ihr Zeitbudget zusätzlich belasten werden. Dies ist besonders vor dem Hintergrund ärgerlich, dass jetzt im Winter die Krankenstände der Projektmitarbeiter ungewöhnlich hoch sind. Zudem warten zwei Krisen-Teilprojekte dringend auf Ihren Einsatz. Zwei Projektmanager-Stellen sind seit vier Wochen immer noch nicht besetzt, obwohl Sie schon mehrfach darauf hingewiesen haben, dass ohne diese beiden Mitarbeiter der Zeitplan nicht einzuhalten ist. Business as usual eben.

Stopp! Halten Sie kurz ein und »beobachten« Sie Ihre Gedanken. Das funktioniert mit folgender Reflexionsübung.

> **Reflexion: Gedanken beobachten**
>
> Denken Sie an eines Ihrer aktuellen oder abgeschlossenen Projekte. Schreiben Sie auf, welche Aufgabe Sie besonders gefordert hat, und überlegen Sie:
>
> - Was war Ihr erster Gedanke dazu?
> - Was waren die Folgegedanken?
> - Wie verändern sich Ihre Emotionen, wenn Sie jedem negativen Gedanken einen zuversichtlichen Gedanken entgegensetzen?
> - Wie verändert sich dann Ihre Gefühlslage?

Schlüssel Nr. 2: Denkfallen identifizieren

Für die einen ist ein Glas halb voll, für die anderen ist es halb leer. Tatsächlich hängt die Sichtweise auf ein Problem ganz von unserer persönlichen Einstellung und Gedankenwelt ab. Der wichtigste Unterschied: Optimistische und zuversichtliche Projektleiter schätzen eine schwierige Situation realistisch ein, verlieren keine Zeit mit Selbstvorwürfen, die mit »Hätte ich doch lieber ...« beginnen, sondern wenden sich konzentriert der Lösung zu.

> **Reflexion: Denkfallen identifizieren**
>
> Rufen Sie sich die Herausforderung aus der vorherigen Übung in Erinnerung:
>
> - Schreiben Sie auf, welche destruktiven Gedanken und Selbstvorwürfe Sie quälen.
> - Überlegen Sie jetzt: Wie stellt sich die Aufgabe dar, wenn Sie an Ihre Stärken denken und diese zur Lösung einsetzen können? Was ändert sich dadurch in Ihnen? Schreiben Sie auch dies auf.

Schlüssel Nr. 3: Eisberg-Überzeugungen aufspüren

Jeder von uns hat Erwartungen an sich selbst und an seine Mitmenschen – dies gilt natürlich auch für Projektteams. Oft haben wir sogar genaue Vorstellungen davon, wie sich ein Teammitglied zu verhalten hat. Diese Überzeugungen bestimmen nicht nur unsere eigene Gedankenwelt, sondern sie beeinflussen auch unser Handeln, Fühlen und unsere Reaktionen. Dies geschieht meist unbewusst, basierend auf Werten und Mustern, die wir oft seit der Kindheit mit uns herumtragen, ohne sie jemals auf ihre Richtigkeit bzw. auf ihre Gültigkeit hin überprüft zu haben. Ähnlich einer Formatvorlage sind sie starr und hindern uns daran, in Alternativen und Möglichkeiten zu denken. Man verfällt so immer und immer wieder in das gleiche Reaktionsmuster.

Was das bewirkt, zeigt das Eisbergmodell. Es unterscheidet im Wesentlichen die Sachebene und die emotionale, meist unbewusste oder unreflektierte Ebene.

- Die Sachebene ist dabei wie die Spitze des Eisbergs: Sie ist für alle gut sichtbar. Typische Sachthemen im Projektmanagement sind fehlender oder fehlerhafter Informationsfluss, destruktive Kommunikation, Meinungsverschiedenheiten, Erwartungsdruck oder auch Interessen- und Zielkonflikte. Die Konflikte auf der Sachebene werden meist bereitwillig angesprochen und offen diskutiert.

- Unterhalb des Wasserspiegels liegt die emotionale Ebene. Sie beinhaltet die persönlichen Werte und Maßstäbe, Charaktereigenschaften, Erfahrungen, unsere Erziehung und Glaubenssätze sowie Verhaltensmuster mit all ihren Stärken und Schwächen, wie z. B. Versagens- und Autoritätsängste, Unsicherheit, übertriebenes Leistungsdenken, die eine adäquate Reaktion auf tägliche Herausforderungen verhindern können. Genau diese Ebene unter der Oberfläche müssen wir uns bewusst machen, wenn wir unsere Resilienz stärken wollen.

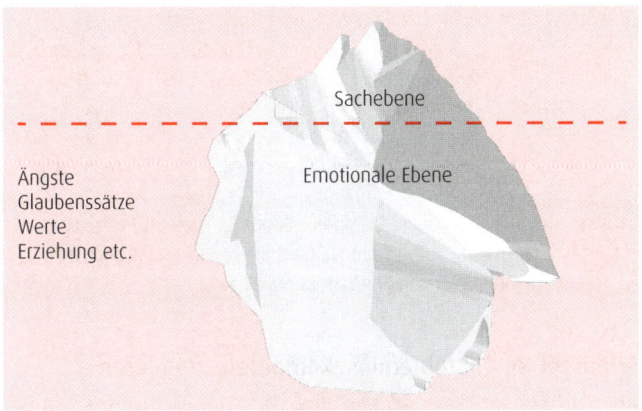

Sachebene und emotionale Ebene im Eisbergmodell

Notieren Sie, ohne lange nachzudenken, Ihre Gedanken zu folgenden Fragen:

1. Wie sehr sind Sie davon überzeugt, dass Sie Ihrer aktuellen Rolle und Aufgabe gewachsen sind?
2. Wie sehr werden Sie im Team und von Vorgesetzten akzeptiert?
3. Wie sehr genießen Sie das Vertrauen Ihrer Kollegen und Vorgesetzten, der Auftraggeber, Kunden und weiterer Stakeholder?
4. Wie überzeugt sind Sie von Ihrer Konfliktfähigkeit am Arbeitsplatz?
5. Wie gut können Sie Ihre Anliegen, Ihre Lösungen kommunizieren?
6. Wie sehr entspricht das aktuelle Projekt Ihren Kompetenzen?
7. Ziehen Sie eine Bilanz Ihrer Antworten und überlegen Sie, was sich in Ihrer Einstellungswelt verändern muss. Achten Sie dabei auf typische Glaubenssätze, wie beispielsweise: »Ich muss besser sein als alle anderen, um anerkannt zu werden.«, oder: »Wenn ich versage, wird Fürchterliches geschehen – ich werden meinen Job verlieren und wir müssen unser Haus verkaufen.«
8. Was sind Ihre Glaubenssätze? Ihre größten Ängste? Und wie sehr belasten diese Sie in Ihrer Tagesarbeit, Ihrem Kommunikationsstil, Ihrem konstruktiven Verhalten im Konflikt?

Schlüssel Nr. 4: Problemlösekompetenz trainieren

Auf Stresssituationen, so vor allem bei Unerwartetem, reagieren wir gern mit einem Tunnelblick, der das Denken in Optionen und Möglichkeiten quasi unmöglich macht. Der Entscheidungsdruck unter gewissen Prämissen verursacht zusätzlichen Stress. Für wenig resiliente Projektleiter wird die Situation dann immer belastender.

Sie können Ihre Problemlösekompetenz trainieren: Notieren Sie sich eine Aufgabe und beantworten Sie dazu die folgenden Fragen.

- Wie realistisch schätzen Sie die Herausforderung ein? Ist wirklich alles negativ oder gibt es auch Positives daran?

- Versuchen Sie, mit gewohnten Entscheidungsmustern neue Situationen zu lösen?

- Welche Optionen gibt es außer der ersten gedanklichen Lösung noch?

- Wer kann Sie in der neuen Herausforderung am besten unterstützen?

- Wie steht es um Ihre Gelassenheit in der aktuellen Situation? Haben Sie noch Zugriff auf Ihre persönliche Stärken in der Lösungskompetenz?

Schlüssel Nr. 5: Katastrophendenken stoppen

Je geringer der Zugriff auf die eigenen Stärken ist – im subjektiv erlebten Stress ist das übrigens keine Seltenheit –, desto destruktiver ist die Reaktion auf die neue Herausforderung. Befürchtungen und unrealistische Ängste lassen sie ins Unermessliche wachsen – manchmal größer und bedrohlicher, als es der Realität entspricht.

Hier hilft eine Kausalanalyse weiter – also eine Analyse, die das Problem realistisch inhaltlich und zeitlich treffend aufbereitet. Sie schont Ressourcen und lenkt den Blick auf das Ziel und die möglichen Lösungen.

Wie reagieren Sie auf (neue) Herausforderungen? Was ändert sich in Stresssituationen daran? Haben Sie ein Problem im

Projektmanagement einmal wirklich nicht lösen können? Was könnte im schlimmsten Fall geschehen, fänden Sie keine Lösung? Welche Alternativen gäbe es dann für Sie?

Wenn Sie sich diese Fragen ehrlich beantworten, werden Sie sehen, dass es keinen Grund für Panik gibt. Zumal laut Dale Carnegy, Autor des Bestsellers »Sorge dich nicht – lebe«, sich 90 Prozent unserer Befürchtungen ohnehin nicht realisieren.

Schlüssel Nr. 6: Beruhigen und fokussieren

Häufig sind wir so im Stress, dass wir uns richtige Entspannung gar nicht mehr vorstellen können. Für nicht-resiliente Projektleiter kann der Begriff »Entspannung« sogar geradezu ein Reizwort sein. Allein der Gedanke an ein Nichtstun, an ein Sich-treiben-Lassen verursacht zusätzlichen Stress. Wer so angespannt und eingespannt ist, hat oftmals nicht die nötige Kraft und Ruhe, um in einer Krisensituation die notwendige Gedanken- und Impulskontrolle vorzunehmen. Gefragt ist deshalb eine gute und wirkungsvolle Entspannungstechnik.

Wer sich in Stresssituationen bewusst entspannen kann, bewahrt auch unter Leistungsdruck den Fokus – selbst wenn er im Projekt mit großen persönlichen Herausforderungen und Rückschlägen konfrontiert wird. Resiliente Projektmanager und -leiter reagieren selbst dann noch gelassen und mit Übersicht. Sie wissen um die Negativwirkungen unkontrollierter Kommunikation und unangemessener emotionaler Reaktionen.

Führen Sie sich vor Augen, wie Sie in unerwarteten Situationen reagieren:

- Wie sehr sorgen Sie für einen Ausgleich zwischen Anspannungs- und Entspannungsphasen?

- Wie schnell können Sie nach einer akuten Stresssituation wieder in den »Normalmodus« schalten?

- Welche Konsequenzen würde es auf Ihre Projektleitungskompetenz in Stresssituation haben, wenn Sie jederzeit auf die Ressourcen Gelassenheit, Distanz gewinnen, Meta-Ebene einnehmen, Lösungen finden Zugang hätten? Was tun Sie dafür, diese Ressourcen zu stabilisieren?

Schlüssel Nr. 7: Resilienztechniken praktizieren

Wenn Sie mit den Schlüsseln 1 bis 6 gearbeitet haben, dann spüren Sie vielleicht schon ein verändertes Bewusstsein für die eigene Stabilität. Gehen Sie mit den täglichen Herausforderungen im Projektmanagement anders um? Dann sollten Sie nun damit beginnen, die neu erworbenen Resilienztechniken in Ihren Arbeitsalltag zu integrieren. Dabei helfen Ihnen folgende Tipps:

- Machen Sie sich in Ausnahmesituationen Ihre emotionalen Reaktionen bewusst.

- Besinnen Sie sich auf die Stärken, die Ihnen bei ähnlichen Herausforderungen bereits hilfreich waren.

- Ersetzen Sie schädliche Gedanken sofort durch angemessene Gedanken.

BEISPIEL

> Wer sich bei dem Gedanken ertappt: »Immer geht alles schief«, hält sofort dagegen: »Erstens geht nicht immer und alles schief und zweitens habe ich schon ganz andere Probleme im Projekt gelöst.«

- Überlegen Sie, ob Familie, Freunde oder Hobbys zu kurz gekommen sind. Soziale Bindungen gleichen einem Bankkonto: Immer nur Abheben führt zur gesundheitlichen und emotionalen Insolvenz.

- Erkennen Sie, welche Muster Ihr Handeln bestimmen, welche davon hilfreich sind und welche vielleicht schon längst ins Archiv gehören. Loswerden sollten Sie diejenigen Muster, die nicht Ihre eigenen sind, sondern unreflektiert übernommen wurden aus einer Zeit, die nicht mehr aktuell ist.

- Wer unter Spannung steht, muss sich auch wieder entspannen. Gestalten Sie Zeiten der Entspannung ganz bewusst. Im Leben stellt sich früher oder später immer die Sinnfrage. Sie lautet: »Wozu das alles?« Erfolge im Berufsleben speisen dieses Wozu. Aber eben nicht nur. Wer nur leistet, vereinsamt innerlich systematisch – und macht so bisherige Erfolge zunichte, subjektiv betrachtet.

- Behandeln Sie das Thema Resilienz wie Projektmanagement in eigener Sache und in aller Konsequenz. Oder haben Sie schon mal ein Projekt mittendrin aus eigener Motivation aufgegeben?

Der Weg zu mehr Resilienz benötigt Zeit, Geduld, systematisches Vorgehen – und einen festen Willen. Es ist ein manchmal mühsamer Weg, den Sie jedoch unbedingt gehen sollten. Es lohnt sich!

Der Projektleiter als Coach: resilienzfördernde Führung

Ob Ihr Team mit Kreativität und Engagement an dem Projekt arbeitet oder nur das Nötigste einbringt, hängt stark von Ihnen und Ihrer Führung ab. Teammitglieder, die sich überfordert oder unverstanden fühlen, werden sich zurückziehen und innerlich kündigen. Dienst nach Vorschrift ist dann angesagt. Die Aufgabe im Projekt verliert an Stellenwert. Auf Dauer werden sie demotiviert und frustriert sein – oder sogar krank werden bzw. das Projekt verlassen.

Dies alles zu vermeiden, liegt mit in Ihrer Hand. Ihr Führungsstil, Ihre Kommunikation tragen entscheidend dazu bei, wie sich die Projektmitarbeiter fühlen: ob sie frustriert sind oder motiviert gemeinsam an einem Strang ziehen. Dabei können Sie auf die im Kapitel zuvor genannten Resilienztechniken zurückgreifen.

Mitarbeiter stärken mit Resilienztechniken

- **Emotionalität:** Zeigen Sie, dass Sie die Enttäuschung Ihrer Mitarbeiter bei Rückschlägen oder neuen Anforderungen verstehen. Betonen Sie, dass es sich um eine Ausnahmesituation handelt, die zeitlich begrenzt ist.

- **Stärken:** Auch, wenn jedes Projekt eine neue, nie dagewesene Herausforderung ist, wird es in Ihrer Praxis bestimmt Beispiele geben, in denen ähnliche Herausforderungen gemeistert wurden. Führen Sie diese an, erzählen Sie davon – oder fragen Sie Ihr Team, welche Stärken dem Einzelnen in solchen Situationen bereits geholfen haben.

- **Gedanken:** Frust und Enttäuschung führen zu negativen Gedanken und zu negativen Aussagen. So verständlich dies ist, so schädlich ist es für das Team. Widersprechen Sie solchen Äußerungen. Betonen Sie stattdessen positive Aspekte. Das können z. B. Herausforderungen sein, die das Team bereits gemeistert hat.

- **Entspannung:** Achten Sie darauf, dass Ihr Team zwischendurch auftanken kann. Spendieren Sie z. B. an langen Abenden einen Imbiss, der gemeinsam und ohne Gespräche über das Projekt verzehrt wird. Oder schicken Sie die Mitarbeiter freitags eine Stunde eher nach Hause – als kleines Dankeschön für die bisherige Leistung. Fragen Sie aktiv nach, was die Teammitglieder in ihrer Freizeit, am Wochenende gemacht haben – zeigen Sie, dass Ihnen auch diese Seite wichtig ist.

- **Handlungsmuster:** Achten Sie auf die Gruppendynamik. Erkennen Sie Muster, die negative Gedanken verfestigen. Sie werden offenbar z. B. durch Äußerungen wie: »Das hat bei uns noch niemand durchgesetzt«, »Diese Lösung kostet mehr Geld – das kriegen wir sowieso nicht«, »Alles nur leere Versprechungen, umgesetzt wird davon doch eh nichts!« Sie haben nur ein Ziel: Ideen und neue Ansätze im Keim zu ersticken. Arbeiten Sie aktiv dagegen an.

- **Sinnfrage:** Erläutern Sie die Ziele, das Wozu und Warum des Projekts und der Teilprojekte. Weisen Sie darauf hin, warum gerade dieses Projekt für Ihr Unternehmen, Ihren Kunden wichtig ist – und geben Sie ihm damit auch in den Augen des Teams einen Sinn. Dies motiviert und steigert die Kreativität bei der Lösungsfindung.

- **Innere Stärke:** Achten Sie auf die Widerstandsfähigkeit Ihres Teams. Beobachten Sie die Mitarbeiter, ihre Reaktionen, ihre Art zu kommunizieren und die Gruppendynamik. Reagieren Sie sensibel, wenn Sie Widerstand gegen einzelne Aufgaben oder das Projekt als Ganzes spüren. Denn nicht nur Sie als einzelne Person – auch ein Team, eine Gruppe oder das Unternehmen hat seine eigene Resilienz, die es zu fördern gilt.

- **Loben und Anerkennen:** Nutzen Sie positive Bestärker wie z. B. Lob und Anerkennung. Heben Sie gute Leistungen und Ansätze hervor. Damit Lob richtig wirkt, sollte es immer gleich nach der entsprechenden Situation ausgesprochen werden. Achten Sie darauf, dass Sie bei der Verteilung von Lob fair bleiben: Wenn Sie ein Teammitglied für Überstunden loben, müssen Sie das auch bei anderen machen. Loben Sie begründet, denn dies motiviert zusätzlich und vermeidet den schalen Beigeschmack von Beliebigkeit. Begründen Sie Ihr Lob, indem Sie klar sagen, was Ihnen positiv aufgefallen ist.

BEISPIEL

Ein »Gut gemacht!« ist sehr pauschal. Besser ist das folgende positive Feedback: »Ihr Projektplan bietet eine sehr gute Übersicht über die nächsten Arbeitspakete, ohne zu sehr ins Detail zu gehen. Damit haben Sie Detailgenauigkeit und Übersichtlichkeit optimal in Einklang gebracht.« Ein solches Lob zeigt, worauf Sie Wert legen, welche Leistungen Sie erwarten.

- **Ausgewogenheit:** Liegen Ihnen besondere Charaktere im Projekt mehr als andere? Das hängt damit zusammen, dass wir mit Kollegen gleicher Wellenlänge einfacher kommunizieren können. Achten Sie dennoch darauf, allen das gleiche Maß an Aufmerksamkeit und Wertschätzung zu schenken.

- **Teamentwicklung:** Nehmen Sie sich Zeit für einen Teamentwicklungsprozess fernab von operativen Aufgaben. Dabei geht es um die Frage, wie Sie am besten die unterschiedlichen Kompetenzen und Charaktere auf das gemeinsame Ziel ausrichten. Gönnen Sie Ihrem Team eine operative Auszeit z. B. in Form eines Events. Ansätze dafür gibt es viele: Rafting, Klettergarten, Bogenschießen etc. Wichtig ist, dass das Event zu Ihrem Team, den Vorlieben und der Sportlichkeit der Mitarbeiter und zu Ihrem Anliegen passt – beispielsweise einem besseren Kennenlernen oder dem Zweck, Vertrauen aufzubauen.

Gemeinsam wachsen: Mitarbeiterförderung in Projekten

Kennen Sie den Ringelmann-Effekt? Benjamin Walker, seinerzeit Doktorand an der Australian School of Business, hat sich 2011 mit der Frage beschäftigt, wie viele faule Mitarbeiter benötigt werden, um die Leistung eines ganzen Teams nach unten zu ziehen. Das Ergebnis: einer reicht! Mit seiner Studie hat Walker das bestätigt, was der französische Agraringenieur Maximilian Ringelmann bereits zwischen 1882 und 1887 herausgefunden hat. Er ließ Männer vor einen Karren spannen und kräftig ziehen – zunächst einzeln, dann zu zweit, zu dritt und zuletzt zu acht. Die Leistung der Männer hat sich jedoch nicht verstärkt, sondern sie nahm ab. Im Vergleich zu dem Duo zogen die acht Männer nur noch mit halber Kraft. Genau dieses Phänomen lässt sich auch heute noch in Projekten beobachten. Vor allem Teammitglieder, die das Gefühl haben, ihren Beitrag am Projekterfolg nicht messen zu können, engagieren sich zurückhaltender als Menschen, die von der Wichtigkeit ihres Tuns für das Projekt überzeugt sind. Fehlende Kontrolle und ausbleibendes Feedback verstärken den Effekt.

Dieser Demotivation können Sie mit bewusster Führung begegnen und damit die Arbeit des gesamten Teams positiv beeinflussen.

Klare Ziele, Kontrolle, Anerkennung und Lob wirken sich nicht nur direkt auf das Projektziel aus, sondern auch auf die Motivation der einzelnen Mitarbeiter im Team. Richtig eingesetzt können diese Führungsinstrumente über das Projekt hinaus wirken und in einer gezielten Mitarbeiterförderung münden – auch im Hinblick auf spätere Projekte. Dies gilt vor allem dann, wenn ein Teammitglied im Rahmen des Projekts neu erworbene Kenntnisse praktisch erproben kann. Oder wenn es Fähigkeiten, die es bei seiner täglichen Arbeit nicht benötigt, die es aber für die nächste Karrierestufe qualifizieren, gewinnbringend im Projekt einbringen kann.

Nicht vergessen werden darf zudem der Aspekt des Wissenstransfers: Dank der interdisziplinären Zusammenarbeit erhalten Teammitglieder Einblicke in andere Abteilungen und Fragestellungen, die ihren eigenen Aufgabenbereich sinnvoll ergänzen. Sie müssen sich mit »fremden« Themen auseinandersetzen, die das eigene Aufgabengebiet künftig beeinflussen. Thematische Vernetzung ist angesagt. Dadurch werden sie nicht nur gefordert, ihr eigenes Wissen infrage zu stellen und es zu prüfen – sie eignen sich zwangsläufig neues Wissen an. Bei einer guten Projektkultur und einem offenen Arbeitsklima, das eine gelebte Fehlerkultur zulässt, können so die Weichen für die nächste Karrierestufe gestellt werden. Für die Teammitglieder ist Projektarbeit damit immer auch eine Chance sich weiterzuentwickeln.

BEISPIEL

Martina ist erst seit zwei Jahren bei ihrem Arbeitgeber, einem internationalen Hausgerätehersteller, tätig. Die Software-Spezialistin war zuvor bei einem Maschinenbauer beschäftigt und hat dort erste Erfahrungen mit der Industrie 4.0 gesammelt. Gewechselt hat die gebürtige Rheinländerin aus persönlichen Gründen. Viel Zeit für die Jobsuche hatte sie nicht, zudem ging Sicherheit vor Karriere. Dementsprechend hat sie sich bei ihrem neuen Arbeitgeber bisher vor allem um Standardaufgaben gekümmert und ihre Erfahrungen im Bereich der Digitalisierung bislang nicht einbringen können. Nun hat das Thema auch ihren neuen Arbeitgeber erreicht. Da sie noch neu ist, bekam ein Kollege den Job als Projektleiter. Dieser hat Martina nach Durchsicht ihres Profils mit ins Team genommen und schnell erkannt, welchen Glücksgriff er damit gemacht hat. Martina ist endlich in ihrem Element und motiviert, das Projekt gemeinsam mit dem Team zu einem guten Abschluss zu bringen. Sie lässt andere an ihrem Wissen teilhaben, bringt sich engagiert ein – und erhält dafür die offene Anerkennung des gesamten Teams. Nach Projektabschluss kommt der Chef auf sie zu und bietet ihr eine neue Position an – sie soll künftig das Thema Industrie 4.0 in der IT-Abteilung verantworten.

Auf einen Blick: Das Einmaleins der Führung

- Aus vielen verschiedenen Charakteren ein leistungsstarkes Team zu machen, das an einem Strang zieht, ist kein Hexenwerk, sondern eine Frage guter Rahmenbedingungen und der richtigen Führung.

- Projektleiter sind nicht nur verantwortlich für den Projekterfolg. Sie tragen als Coach ihres Teams auch die Verantwortung für die Teammitglieder. Dazu gehört es, Frustration, Überforderung und Burn-out zu verhindern.

- Nur wer sich selbst gut führt, kann das auch bei anderen leisten. Gute Selbstführung gelingt mit den Sieben Schlüsseln der Resilienz.

Erste Hilfe in brenzligen Situationen

Projekte, in denen alles gelingt, sind die Ausnahme. Irgendetwas läuft meistens schief. Kein Wunder, denn hier treffen die unterschiedlichsten Menschen und Interessen aufeinander. Erste Hilfe für die alltäglichen Projektwidrigkeiten erhalten Sie in diesem Kapitel. Sie erfahren u. a.,

- wie Sie Konflikte meistern,

- wie Sie am besten mit Veränderungen umgehen,

- wie Sie Krisen erkennen und eindämmen,

- wann Sie die Notbremse ziehen sollten.

Denn zum Lösen sind sie da: Konflikte in der Projektarbeit

Ganz gleich, wie gut Ihr Projekt gestartet ist, wie klar formuliert der Auftrag und die Rollen sind: Irgendwann sind sie da. Die Rede ist von Konflikten, die unweigerlich auftreten werden. Zum einen, weil die Projektmitarbeiter weitere Aufgaben haben, denen sie ebenso sorgfältig und engagiert nachkommen müssen wie ihren Aufgaben im aktuellen Projekt. Zum anderen aber auch, weil bei der Projektarbeit unterschiedliche Charaktere, Arbeitsweisen und Erwartungen aufeinandertreffen. Verstärkt wird dies durch den Mangel an klaren Strukturen.

Gerade in den Anfängen eines Projekts sollten Sie mit Konflikten rechnen. Denn sobald sich die Teammitglieder etwas kennengelernt und untereinander die Zielsetzungen und Erwartungen kommuniziert haben, geht es um die Wahrung der eigenen Interessen. Die erste Zurückhaltung fällt; unterschiedliche Meinungen werden nun offener ausgetragen.

Die Art der Konflikte ist dabei so vielfältig wie die Projekte selbst. Das macht ihre Lösung nicht unbedingt einfacher. Trotzdem gibt es bestimmte Regeln, die Ihnen bei der Konfliktlösung helfen. Dazu unterscheiden wir Konflikte zwischen zwei oder mehreren Personen, kalte und heiße Konflikte sowie unterschiedliche Konfliktursachen. Diese Unterscheidungen helfen Ihnen bei der Orientierung und der schnellen Lösung.

Schauen wir zuerst nach den Personen, die sich an einem Konflikt beteiligen. Dies können – je nach Thema und Konstellation – zwei, drei oder mehr sein. Was auf den ersten Blick unwichtig erscheint, hilft Ihnen bei der Suche nach den Konfliktursachen, aber auch bei der Lösung der Konflikte. Denn bei einem Paarkonflikt sind andere Maßnahmen gefragt als bei einem Gruppenkonflikt mit verschiedenen Koalitionen.

> Konflikte lassen sich leichter lösen, wenn Sie wissen, wie viele Personen involviert sind. Nehmen Sie sich deshalb die Zeit, die Ausgangssituation genauer zu betrachten: Handelt es sich um einen Paarkonflikt, einen Dreieckskonflikt, einen Gruppenkonflikt oder einen Organisationskonflikt? Wenn Sie das wissen, ist das Problem schon halb gelöst!

Wenn zwei sich streiten – Paarkonflikte

Die wohl häufigsten Konfliktarten im Projekt sind Paarkonflikte. Deren Ursachen sind vielfältig: Die Mitarbeiter müssen sich neu aufeinander einstellen. Sie gehen mit verschiedenen Erwartungen an ein Projekt, haben ihre eigene Vorstellung von ihrer Rolle oder bringen unterschiedliche Projektmanagement-Erfahrung mit. Auch ein anderes Verständnis für die Aufgabe, interkulturelle Unterschiede oder verschiedene Arbeitsgeschwindigkeiten können für Unruhe sorgen und zu Enttäuschung und Frustration führen. Sie bewirken, dass sich die Mitarbeiter voneinander wegbewegen, statt gemeinsam auf ein Ziel hinzuarbeiten. Je weiter sie auseinanderdriften, umso größer wird der Konflikt.

Konflikte auf fachlicher Ebene

Eine weit verbreitete Ursache für Paarkonflikte ist auf der fachlichen Ebene zu finden. Hierbei geht es um individuelle Unterschiede, die häufig durch die Kommunikation untereinander zu stark betont werden und so zum Konflikt führen. Ein solcher Konflikt entsteht beispielsweise, wenn ein IT-Spezialist mit einem Controller spricht und jeder dabei sein Fachvokabular verwendet. Die Folge ist nicht nur absolutes Unverständnis, weil der eine den anderen schlicht nicht versteht, sondern zudem auch hohe Frustration. Dadurch machen sich Kooperationsblockaden breit.

BEISPIEL

Seit drei Wochen arbeitet das Entwicklerteam an einer internen Plattform, mit der zu Weihnachten Kundengeschenke und individualisierte Grußkarten erstellt und verschickt werden sollen. Basis ist ein Konzept, das gemeinsam mit dem Kunden erstellt und von diesem auch freigegeben wurde. Doch je länger über die Möglichkeiten nachgedacht wird, umso mehr steigen die Erwartungen an das Projekt.

Eine der Herausforderungen liegt dabei in den Schnittstellen zum Kunden. Diese müssen individuell programmiert werden, damit alles reibungslos verläuft. Herausforderung Nr. 2 sind die unterschiedlichen Berechtigungen: Wer darf was sehen? Wer hat welches Budget? Wer kann welche Aktionen auslösen? Alles Fragen, die im Vorfeld geklärt waren, die nun aber seitens des Kunden immer wieder neu verhandelt werden. Als Folge kommt es zu enormem Mehraufwand bei der Programmierung, der entsprechende Kosten nach sich zieht. Kurzerhand mischt sich der Controller ein: Steigen die Programmierungskosten weiter an, wird das Projekt unbezahlbar. Er braucht deshalb Argumente, um mit dem Kunden nachzuverhandeln. Dazu setzt er ein Meeting mit dem Programmierer an.

Nach zwei Stunden zähen Ringens kommt es zum Eklat: Während der Controller dem Programmierer vorwirft, sich nicht auf ihn zuzubewegen und ihn mit der Verantwortung alleine zu lassen, ist der Programmierer wütend. Er muss nicht nur gewährleisten, dass die Schnittstellen funktionieren, sondern er muss auch diverse Datenschutzrichtlinien, die Anforderungen des Kunden hinsichtlich der 24/7-Verfügbarkeit des Servers, den Server-Standort und viele andere Aspekte mitberücksichtigen. Dem Wunsch nach kostengünstigeren Lösungen kann er bei diesen Anforderungen nicht entsprechen, möchte er nicht gegen die Compliance-Richtlinie des Auftraggebers verstoßen. Günstigere Server außerhalb Europas mit einer geringeren Verfügbarkeit können schnell zum GAU führen. Für den Controller ist das jedoch kein Argument. Gleichzeitig drängt die Zeit: Die Weihnachtsgeschenke müssen von den Mitarbeitern rechtzeitig geordert werden, damit sie die Empfänger pünktlich erreichen.

Obwohl beide – Controller und Programmierer – für den Kunden nach der bestmöglichen Lösung suchen, ist eine Zusammenarbeit nicht mehr möglich: Die Fronten sind verhärtet, sie werfen sich gegenseitig Blockade und Ignoranz vor. Um den Zeitplan einzuhalten, konzentriert sich der Programmierer in der Folge auf seine fachspezifischen Herausforderungen und informiert den Controller nur noch darüber, wo es warum zu Mehrkosten kommt. Wie dieser das gegenüber dem Kunden vertritt, interessiert ihn nicht mehr.

Grenzüberschreitungen

Ein anderer möglicher Konfliktherd sind persönliche Grenzüberschreitungen – beispielsweise, weil ein Gesprächspartner die Intimsphäre des anderen verletzt oder zu vertraut mit jemandem spricht, der lieber mehr Distanz gewahrt haben möchte. Scheinbare Kleinigkeiten, wie z. B. das Weitererzählen von Anekdoten, die der andere als vertraulich eingestuft hat, der Zuhörer aber als harmlos und damit als nicht schützenswert erachtet, können schnell und nachhaltig das Vertrauen untereinander zerstören und zu langanhaltenden Konflikten führen.

Wir alle kommunizieren unterschiedlich und gehen ebenso verschieden mit persönlichen Informationen um. Während die einen die intimsten Urlaubsfotos bei Facebook posten, wollen andere nicht, dass scheinbare Peinlichkeiten oder menschliche Fehler im Kollegenkreis die Runde machen. Auch dann nicht, wenn es um berufliche Fragen geht. Sensibilisieren Sie Ihr Team dafür, mit solchen Informationen entsprechend umzugehen. Auch bei einer offenen Fehlerkultur sollte z. B. nach Möglichkeit nur derjenige, dem der Fehler passiert ist, darüber berichten. So bekommt er die Chance, über die Ursachen zu sprechen oder auch über sich selbst zu lachen – wenn er über den entsprechenden Charakter verfügt. Wird der Fehler dagegen von einem Kollegen verkündet, hat dies leicht den Anschein von Petzen – auch wenn es im Sinne des Projektes ist.

Rollenkonflikte

Ein weiterer häufiger Grund für Konflikte sind die Rollen im Projekt. Auch hier sind die Ursachen sehr unterschiedlich – mal geht es darum, dass Mitarbeiter nicht ausgelastet sind, mal sind sie überlastet. Oder aber es gibt unterschiedliche Erwartungen an die Rollen bzw. eine einseitige Änderung der bisherigen Rollenverteilung, die dann zu Spannungen zwischen zwei Teammitgliedern führen.

Konkurrenzkonflikte

Eng verwandt mit den Rollenkonflikten und von diesen nicht immer auf den ersten Blick zu unterscheiden sind Konkurrenzkonflikte. Sie entstehen durch den Wettbewerb der Mitarbeiter untereinander – ein Aspekt, der von vielen Führungskräften durchaus gewünscht ist. Wird das Wettbewerbsdenken jedoch zu stark, ist ein Miteinander nicht mehr möglich. Dies ist vor allem dann der Fall, wenn es den Beteiligten nicht nur um Lob und Anerkennung geht, sondern um eine Beförderung oder eine Gehaltserhöhung. Das Ergebnis: eine Gruppe teamorientierter Einzelkämpfer, in der persönliche Interessen mehr zählen als das gemeinsame Ziel. Der Teamspirit leidet hier signifikant.

Lösungsansätze für Paarkonflikte

Denken Sie daran, dass es hier – wie überall im Leben – nicht um Schwarz-Weiß-Muster, sondern um Menschen geht. Deshalb wird es immer wieder zu unterschiedlich ausgeprägten Konflikten kommen. Patentrezepte zu deren Lösung existieren dementsprechend – leider – nicht. Die folgende Übersicht dient deshalb nur der Orientierung, wie Sie diese Konflikte angehen können.

- Menschen entwickeln sich in unterschiedlichen Geschwindigkeiten und/oder verschiedene Richtungen. Das kann den »Abstand« zwischen ihnen vergrößern, ohne dass es den Beteiligten bewusst ist. In diesen Fällen hilft ein klärendes Gespräch, bei dem herausgearbeitet wird, wo die Beteiligten stehen – hinsichtlich ihrer persönlichen Entwicklungsstufe und/oder ihrer Position.

- Das Team muss eine gemeinsame Sprache sprechen. Die Teammitglieder müssen einander verstehen. Ohne diese Faktoren ist Teamarbeit nicht möglich. Wenn ein Informatiker

z. B. mit einem Kundenberater spricht und beide das Gefühl haben, vom anderen nicht verstanden zu werden, kommt es deshalb darauf an, die unterschiedlichen Sichtweisen für den anderen nachvollziehbar zu machen.

- Auch im Büro begegnen wir Menschen auf unterschiedlichen Ebenen – mit dem einen sind wir gut bekannt und per Du, mit der anderen treffen wir uns sogar privat und den Dritten mögen wir eigentlich gar nicht so recht leiden. Problematisch wird es dann, wenn dieser genauso kumpelhaft daherkommt wie der befreundete Kollege und mit seinen Äußerungen Grenzen überschreitet. Hier hilft ein klärendes Gespräch, in dem auf die Verletzung der Intimsphäre hingewiesen wird und die Grenzen gemeinsam neu definiert werden.

- Ob Überforderung, Unterforderung, ein rollenbedingter Zielkonflikt oder einfach unterschiedliche Erwartungen: Bei Rollenkonflikten hilft nur ein klärendes Gespräch, bei dem gemeinsam nach Lösungen für den aktuellen Konflikt gesucht wird.

- Wenn der interne Wettkampf um die besten Aufgaben oder die Aufmerksamkeit des Chefs aus dem Ruder läuft, besteht Gefahr für das gesamte Projekt. Hier hilft es in der Regel, die Aufgaben sachlich zu trennen und klare Verantwortlichkeiten zu benennen.

Die folgende Tabelle zeigt die Ursachen von Paarkonflikten und deren mögliche Lösung im Überblick.

Konfliktursache	Lösung
Unterschiedliche Entwicklungsgeschwindigkeiten	Neudefinition der Beziehung
Individuelle Unterschiede	Herausarbeiten der unterschiedlichen Sichtweisen und Verständnis schaffen für den jeweils anderen
Verbale Grenzüberschreitungen	Definition einer gemeinsamen Ebene
Unterschiedliche Rollenauffassungen	Klärendes Gespräch; Definition von Gegenmaßnahmen
Interner Wettbewerb	Sachliche Trennung der Aufgaben

Sind Konfliktbeteiligte nicht mehr bereit, miteinander zu sprechen, kann ein Perspektivenwechsel helfen. Das fand ein Forscherteam der University of California im Rahmen einer Studie heraus. Nutzen Sie dieses Wissen für sich: Lassen Sie die Kontrahenten bewusst in die Rolle des anderen schlüpfen und dessen Standpunkt argumentieren. Diese Methode kann mehr Verständnis für den anderen und neue Gesprächsbereitschaft bei allen Beteiligten schaffen.

Wenn mehrere involviert sind

Je nachdem, wie lange und heftig der Konflikt bereits schwelt, ist viel Geduld gefragt. Noch schwieriger wird es jedoch, wenn eine dritte Person, ein ganzes Team oder gar ein Bereich mit den jeweils eigenen Interessen und Vorstellungen involviert ist. In diesen Fällen muss genauer hingesehen werden, um die Konfliktursachen zu erkennen und eine Lösungsstrategie zu entwickeln.

Sind mehr als drei Personen involviert, sprechen wir von einem Gruppenkonflikt. In diesen Fällen gerät das Gleichgewicht innerhalb des Teams rasch in eine Schieflage. Auch werden dann meist die Grundprinzipien des Teams infrage gestellt. Als Projektleiter stehen Sie vor die Aufgabe, den Konflikt so schnell wie möglich zu lösen, und zwar möglichst noch in seiner Entwicklungsphase. Damit dies gelingt, muss zunächst genauer hingesehen werden:

- Worum geht es den Beteiligten wirklich?

- Welche Ursachen gibt es für den Konflikt?

Erst wenn Sie das herausgefunden haben, können Sie die geeignete Lösungsstrategie entwickeln. Ist der Konflikt bereits eskaliert, braucht es einen Außenstehenden zur Lösung: einen neutralen und interessensfreien Mediator. Er hat den sachlichen Blick von außen und wird von den Parteien nicht mit dem Konflikt in Zusammenhang gebracht.

Ursachen für Gruppen- und Dreieckskonflikte

- Ein typisches Beispiel für Dreieckskonflikte sind die sog. Koalitionskonflikte. Dabei fühlt sich eine Person gegenüber zwei weiteren unterlegen und reagiert entsprechend mit Unsicherheit und Rückzug aus dem Team. Für die Projektarbeit kann dies problematisch werden, da das Wissen und das Engagement des Betroffenen dann nicht mehr in vollem Umfang zur Verfügung stehen.

- Ein Verhältnis zwischen zwei Mitarbeitern kann durch einen Dritten bewusst und systematisch gestört werden. In diesen Fällen reden wir von einem Teile-und-herrsche-Konflikt. Der Dritte versucht damit, seine Macht auszubauen. Das Mittel zur Macht ist Information. Wer welche Infos erhält, hängt damit nicht von der Notwendigkeit oder Sinnhaftigkeit für die Projektarbeit ab, sondern von Machtinteressen.

- Auch wenn Projektteams abteilungsübergreifend zusammenarbeiten, bilden sich intern Rangfolgen. Diese können durch den Wechsel oder das Hinzukommen von Gruppenmitgliedern durcheinandergebracht werden, so dass ein interner Rangkonflikt entsteht.

- Zugehörigkeitskonflikte entstehen wie Rangkonflikte u.a. durch die Aufnahme von neuen Mitgliedern. Sie zeigen sich durch die Infragestellung der bisherigen Verhaltensweisen sowie in der Angst vor Veränderungen.

- Ein Herrschaftskonflikt entsteht, wenn durch die Projektarbeit der eigene Kompetenz- und Einflussbereich in der Gruppe bedroht wird. Weitere Ursachen für Herrschaftskonflikte können die Gefährdung der Gruppenidentität sowie die systematische Störung der Kommunikation innerhalb von Teilgruppen sein.

- Ein sog. Stellvertreterkrieg entfacht sich an Themen, die mit dem eigentlichen, unbemerkten Konflikt nichts zu tun haben. Liegt ein solcher Substitutionskonflikt vor, muss genau hingeschaut und der eigentliche Konflikt identifiziert werden.

- Wenn Teilgruppen durch Sonderinformationen oder Absprachen gegenüber anderen Vor- oder Nachteile erhalten, entstehen sog. Untergruppenkonflikte. Es kann dann zur Gruppenspaltung bzw. Auflösung in Kleingruppen kommen. Damit einher geht die Tendenz zur gegenseitigen Unterdrückung und Gleichschaltung in den Teilgruppen.

Paar-, Dreiecks- und Gruppenkonflikte drehen sich um persönliche Interessen. Sie sind zum Teil sehr verzwickt und je nach Eskalationsstufe (siehe hierzu das Kapitel »Die Eskalationsstufen«) nicht immer leicht zu lösen. Beziehen Sie bei Ihrer Analyse von Gruppen- oder Dreieckskonflikten immer auch die Ursachen für Paarkonflikte mit ein – die Grenzen zwischen den Konfliktarten sind fließend. Möglicherweise haben Sie es ja mit einem Gruppenkonflikt zu tun, der aus einem Paarkonflikt entstanden ist – und bei dessen Lösung Sie sich zunächst auf die ursprünglichen Kontrahenten konzentrieren sollten.

Störungen durch die Organisation

Eine weitere Gefahr für Ihr Projekt können Störungen sein, die aus der Organisation heraus kommen. Auch hier geht es in der Regel um unterschiedliche Interessen. So wird z. B. um Vorteile für die eigene Abteilung gerungen, selbst wenn das mit Nachteilen für eine andere Unternehmenseinheit verbunden ist oder sogar für die gesamte Organisation. Von solchen Organisationskonflikten kann auch Ihr Projekt betroffen sein – beispielsweise, wenn Mitarbeiter die Abteilung wechseln, vermehrt Überstunden abgebaut werden sollen oder es aufgrund anderer Neuregelungen zu einer geringeren Verfügbarkeit der Mitarbeiter kommt. Auch drastische Entscheidungen im Projekt-Scope können die Ursache sein.

Konflikte dieser Art sind nicht allein bezogen auf Projekte. Ähnliche Konflikte können zwischen einzelnen Niederlassungen oder zwischen der Zentrale und den Niederlassungen bestehen – beispielsweise, wenn die Zentrale zu sehr in die internen Abläufe der Niederlassung eingreifen möchte, während diese gerne autonom agiert.

> Die Liste der potenziellen Konflikte ist lang. Vorhersehbar ist dabei nur eines: Sie werden immer wieder mit einer Reihe von Konflikten zu tun haben. Egal, wie Sie es anpacken – ein Projekt ohne Konflikte ist so unrealistisch wie ein perfekter Projektplan. Dazu arbeiten zu viele Menschen mit unterschiedlichen Interessen, Zielen und Informationen zusammen. Verstärkt wird dies alles noch durch die Diskrepanz zwischen den Anforderungen und den Mitteln, die dafür zur Verfügung stehen.

Lösungsansätze für Organisations-, Gruppen- und Dreieckskonflikte

Konflikte kosten nicht nur Zeit und Kraft – sie kosten auch Geld. Das gilt selbst dann, wenn es sich um einen scheinbar kleinen Konflikt handelt. Eine schnelle Lösung ist für das Unternehmen deshalb wichtig. Manchmal funktioniert dies nur mit Unterstützung der Geschäftsführung. Damit Sie Ihre Vorgesetzten überzeugen können, sich an der Konfliktlösung zu beteiligen, können Sie die Kosten des Konflikts online berechnen. Möglich ist dies z. B. auf der Website www.konfliktkostenrechner.de des Entwicklers Oliver Ahrens.

Damit sich Konflikte nicht negativ auf das Projekt auswirken, müssen sie schnell aus der Welt geschafft werden. Das ist nicht immer einfach – vor allem dann, wenn unklar ist, wo die Ursachen liegen und weshalb aus einer Mücke ein Elefant geworden ist. Bei der Ursachenforschung helfen die vorab genannten Kategorien. Betrachten Sie Konflikte am besten wie eine Herausforderung im Projekt: Um sie zu lösen, benötigen Sie im ersten Schritt Verständnis darüber, worum es überhaupt geht.

Checkliste für die Konfliktlösung
1. Zusammenhänge aufdecken: Gibt es einen bestimmten Auslöser für den Konflikt, z. B. eine neue Rollenverteilung? Oder entlädt sich ein seit langem schwelender Konflikt jetzt an einem unwichtigen Thema? Antworten auf solche Fragen sind wichtig, um zunächst herauszufinden, worum es wirklich geht, um dann die entsprechende Lösung zu finden.
2. Stakeholder identifizieren: Auch bei Konflikten gibt es Unterstützer, und zwar auf beiden Seiten. Versuchen Sie herauszubekommen, wer den Konflikt warum unterstützt. Möglicherweise entdecken Sie so einen weiteren Ansatz für die Konfliktlösung. Schauen Sie auch, wer gegen den Konflikt ist und Sie bei dessen Bekämpfung unterstützen könnte.
3. Sachebene herausarbeiten: Konflikte eskalieren zwischen Menschen – dies bringt Emotionen ins Spiel, die die Situation verschärfen können. Versuchen Sie deshalb, alle Konflikte auf Sachebene zu betrachten. Nur dann können Sie eine Eskalation vermeiden.

Heiße und kalte Konflikte – es geht um Gefühle

Gerade bei Konflikten ist es gar nicht so einfach, sachlich zu bleiben. Denn wenn es sich um Zwischenmenschliches dreht, um persönliche Vor- und Nachteile, um den nächsten Karriereschub, geht es in erster Linie immer auch um eines: um Menschen und damit zwangsläufig um Emotionen.

Wut, Angst oder Ohnmachtsgefühle – es gibt zahlreiche Emotionen, die im Laufe eines Projektes, vor allem bei Konflikten, zum Tragen kommen. Die Art der Gefühle bestimmt dabei mit, wie ein Konflikt verläuft, ob es sich um einen kalten oder einen heißen Konflikt handelt.

- Heiße Konflikte werden leidenschaftlich, mit viel Emotion geführt und konsequent am Leben gehalten, so z.B., weil die Konfliktparteien von der Redlichkeit der eigenen Motive überzeugt sind, über ein übertriebenes positives Selbstbild verfügen und nach Anerkennung streben. Eine sachliche Diskussion ist in diesen Fällen sehr schwierig und erinnert ein wenig daran, Apple User von einem Android Smartphone zu überzeugen. Ganz gleich, welche Argumente Sie anbringen: Ein echter iPhone-Fan wird sie nicht akzeptieren. Ganz so aussichtslos ist es bei heißen Konflikten zum Glück nicht. Hier hilft oft ein simpler Trick: Veranlassen Sie die Konfliktpartner dazu, die Perspektive zu ändern. Am Smartphone-Beispiel veranschaulicht bedeutet dies: Bitten Sie den iPhone User, Ihnen das Android Smartphone schmackhaft zu machen. Sprechen Sie mit den Konfliktparteien offen über ihre Einstellungen, Wahrnehmungen und Verhaltensweisen und berücksichtigen Sie dabei die unterschiedlichen Perspektiven und Rollen.

- Kalte Konflikte sind nicht weniger schädlich für die Projektarbeit. Ihnen liegt häufig eine tiefe Enttäuschung oder Frustration, auch über einen längeren Zeitraum, zugrunde. Ohnmachts- und Angstgefühle können bei diesen Konflikten ebenso eine Rolle spielen wie ein fehlendes positives Selbstbild. Die Gegenpartei erscheint in schlechtem Licht, die Kommunikation untereinander findet, wenn überhaupt, nur noch schriftlich statt. Der Versuch, den anderen vom eigenen Standpunkt zu überzeugen, bleibt aus. Und genau hier sollten Sie zur Lösung des kalten Konflikts einsetzen: bei der Kommunikation zwischen den Konfliktparteien. Parallel dazu geht es darum, das oft angeknackste Selbstwertgefühl der Beteiligten zu stärken, um ihnen so das Gefühl von Angst und Ohnmacht zu nehmen und sie wieder handlungsfähig zu machen.

BEISPIEL

Zunächst war Margitta glücklich, in das Projektteam für die Digitalisierung der neuen Produktserie aufgenommen worden zu sein. Endlich würde sie ihre Ideen und ihr Know-how miteinbringen können. Die Investitionen in ihre Weiterbildungen schienen sich ausgezahlt zu haben.

Die Ernüchterung folgte schnell: Zwar stießen ihre Vorschläge auf offene Ohren und ihr Wissen wurde gerne angezapft. Allerdings präsentierte ihr Kollege, der sie mit ins Projektteam geholt hatte, ihre Ergebnisse regelmäßig als eigene Erfolge. Da sie bereits in der Abteilung an seinen Machtspielchen scheiterte, zieht sich Margitta nach und

> nach zurück, beteiligt sich nicht mehr aktiv an den Teamsitzungen und kommuniziert nur noch schriftlich oder per E-Mail. Sie vermeidet seit geraumer Zeit die spontane Weitergabe von Informationen, um sich gegen den Kollegen abzusichern. Dabei nimmt sie auch in Kauf, dass Prozesse verzögert oder aber nur die zweitbeste Lösung angestrebt wird. Alles ist ihr lieber, als dass sich der Kollege mit ihrem Wissen schmückt und bei jeder sich ihm bietenden Gelegenheit durch Blicke und Wortwahl deutlich macht, dass er der eigentliche Experte sei – auch wenn er weitaus weniger Wissen hat als sie.

Margitta blockiert das Projekt, weil sie demotiviert und frustriert ist. Greift niemand ein, kann sich diese Situation weiter verschärfen. Im schlimmsten Fall versuchen die Kontrahenten, sich gegenseitig zu schaden. Oder die Frustration führt zu seelischen Belastungen und damit langfristig zu Krankheiten.

Was also tun? Im Beispiel von Margitta und ihrem Kollegen handelt es sich um einen kalten Paarkonflikt. Die Ursachen sind klar – nun geht es um die Frage, in welcher Eskalationsstufe er sich befindet.

Die Eskalationsstufen

Der österreichische Konfliktforscher Friedrich Glasl unterscheidet neun Eskalationsstufen für Konflikte.

1. **Verhärtung:** Die Beteiligten können den Standpunkt der Gegenseite nicht mehr nachvollziehen. Das Verhältnis ist getrübt.

2. **Debatte:** Konkurrenz und Überheblichkeit prägen die Situation. Die Betroffenen verletzen sich durch Wortwahl und

Gesten. Wer auf den anderen zugeht, wird als Schwächling angesehen. Trotzdem ist in dieser Phase durch Druck von außen noch Kompromissbereitschaft zu erreichen.

3. **Taten:** Worte allein reichen nicht mehr – der »Gegner« wird in seinem Schaffen behindert. Blockaden und Schuldzuweisungen gehören zum Alltag. Die Kontrahenten brauchen Unterstützung von außen, um den Konflikt zu beenden.

4. **Koalitionen:** Die Kontrahenten suchen sich Unterstützer im Team und verhalten sich feindselig gegenüber der gegnerischen Partei. Die eigene Motivation wird positiv dargestellt, während man die der anderen abwertet. Sachfragen verlieren an Bedeutung; es geht um Persönliches.

5. **Gesichtsverlust:** Nun dreht sich alles nur noch um Persönliches, nicht mehr um Sachthemen. Entsprechend persönlich wird der Konflikt – mit dem klaren Ziel, dem anderen zu schaden. Das eigene Verhalten wird hingegen moralisch gerechtfertigt.

6. **Drohstrategie:** Es werden Drohungen eingesetzt, um das Ziel, der anderen Partei zu schaden, zu erreichen. Es geht dabei um die Androhung von Gewalt, um Strafen und Vergeltungsmaßnahmen. Dabei werden gezielt Ängste ausgenutzt, um eine bessere Wirkung zu erreichen.

7. **Begrenzte Vernichtungsschläge:** Nun kommt auch verbale Gewalt in den Konflikt. Jeder Erfolg gegen den Gegner wird gefeiert.

8. **Zersplitterung:** Es geht ums Ganze. Der Gegner soll vernichtet werden. Er soll raus aus dem Team, aus dem Unternehmen.

9. **Abgrund:** Nun hat nur noch die Vernichtung des Gegners Priorität. Wenn es sein muss, setzt man dafür die eigene Existenz aufs Spiel.

Zugegeben: Die letzten Eskalationsstufen sind in der Projektarbeit eher selten. Sie sich vor Augen zu führen, macht jedoch Sinn. Zeigen sie doch, wohin ein Konflikt zwischen zwei Teammitgliedern führen kann, wenn nichts getan wird, um ihn zu lösen. Je eher Sie also einschreiten und den Konflikt entschärfen, umso besser für die Beteiligten und Ihr Projekt.

> Konflikte am Arbeitsplatz beschäftigen Menschen über die Arbeitszeit hinaus. Dies gilt vor allem dann, wenn ihre Resilienz nur gering ausgeprägt ist. Achten Sie deshalb darauf, ob Mitarbeiter ihr Verhalten ändern, sich z. B. zurückziehen oder in Meetings ruhiger werden. Diese Indikatoren können erste Anzeichen eines Konfliktes sein, bei dessen Lösung Ihre Unterstützung gefragt ist.

Strategien zur Konfliktlösung

Wie aber lässt sich ein Konflikt lösen? Und zwar, bevor er den Beteiligten und dem Projekt wirklich schadet? Glasl schlägt für die unterschiedlichen Eskalationsstufen folgende Strategiemodelle vor.

Eskalationsstufen	Strategien nach Glasl
Verhärtung – Taten	Moderation
Taten – Gesichtsverlust	Prozessbegleitung
Koalitionen – Drohstrategie	Sozio-therapeutische Prozessbegleitung
Gesichtsverlust – begrenzte Vernichtungsschläge	Vermittlung/Mediation
Drohstrategie – Zersplitterung	Schiedsverfahren/gerichtliches Verfahren
Begrenzte Vernichtungsschläge – Abgrund	Machteingriff wie klare Vorgabe von Verhaltensregeln bzw. Untersagen eines Verhaltens, um so die weitere Zuspitzung zu vermeiden

Das A und O der Konfliktlösung: Kommunikation

Diese Vorschläge zeigen bereits: Es gibt kein Generalrezept, keine Formel, die sich stets erfolgversprechend anwenden lassen. Vielmehr sind die Konflikte im Projekt so verschieden wie die Menschen, die daran beteiligt sind. Um sie zu lösen, ist vor allem eines gefragt: Kommunikation. Hinzukommen muss die Bereitschaft, konstruktiv mit Konflikten umzugehen. Vermeiden Sie es dabei, auf Ihr Recht zu pochen. Ein solches Beharren löst keine Konflikte, sondern führt lediglich zur Verhärtung unterschiedlicher Positionen. Ein Dialog ist dann nicht mehr möglich.

Dies gilt auch für das Gespräch mit den Beteiligten: Schauen Sie konstruktiv nach vorne. Hüten Sie sich vor Debatten um alte Geschichten, die nichts mit der aktuellen Fragestellung zu tun haben. Betonen Sie, dass Sie den Beteiligten und ihrer Bereitschaft, den Konflikt zu lösen, vertrauen. Betonen Sie das übergeordnete Interesse und den Gewinn für alle Seiten, wenn der Konflikt schnell aus der Welt geschaffen wird. Achten Sie darauf, dass alle ihr Gesicht wahren können und sich niemand als Verlierer fühlen muss. Damit Ihnen dies gelingt, ist entsprechende Vorbereitung gefragt. Sie sollte bereits vor dem eigentlichen Gespräch stattfinden. Dies gilt vor allem bei emotional aufgeladenen Konflikten, die bereits eine Weile schwelen oder schon offen ausgelebt werden.

Je nach Eskalationsstufe kann es sein, dass ein Gespräch nicht mehr ausreicht – beispielsweise dann, wenn die Kontrahenten nicht mehr bereit sind, miteinander zu reden, sich gegenseitig drohen oder sich gar das Ziel gesetzt haben, den anderen aus dem Team oder dem Unternehmen zu drängen. In diesen Fällen ist ein Konflikt-Workshop gefragt, in dessen Rahmen die Kontrahenten die Chance haben, ihre Sicht auf die Situation darzustellen. Ziel ist es dabei, die Beweggründe der jeweils anderen Partei zu erfahren und zu verstehen, die unterschiedlichen Sichtweisen zu diskutieren sowie gemeinsam durch einen gezielten Perspektivenwechsel Strategien und Maßnahmen zur Konfliktlösung zu erarbeiten.

FORTSETZUNG DES BEISPIELS

Nachdem sich Margitta immer mehr und mehr zurückgezogen hatte, kam der Kollege schnell an seine fachlichen Grenzen. Allerdings reagierte er nicht einsichtig, sondern suchte den offenen Konflikt mit Margitta. Er griff sie in Meetings verbal an, wies mit Vorliebe auf ihre vermeintlichen Schwächen hin und fing an, hinter ihrem Rücken über sie zu lästern.

Für die Digitalisierungsexpertin war dies ein Albtraum, hatte sie doch als Neuling in der Firma keine breite Unterstützung. Immer häufiger litt sie unter Kopfschmerzen und Übelkeit, meldete sich krank.

Projektleiter Werner fiel die Veränderung zunächst nicht auf. Schließlich kannte er die neue Kollegin noch nicht, hatte bislang nie mit ihr gearbeitet. Da sich ihre häufigen Krankmeldungen jedoch auf das Projekt auswirkten, suchte er das Gespräch mit ihr. Schnell wurde ihm klar, dass es nicht um körperliche Ursachen ging: Die Kollegin war nervlich angespannt und nervös, fühlte sich bedrängt und bedroht. Werner gelang es, ihr Vertrauen zu gewinnen. Nach mehreren dieser Vier-Augen-Gespräche war Margitta bereit, sich an einem Lösungsversuch zu beteiligen. Dazu schlug Werner ein Gespräch mit dem Kollegen vor, das er gründlich vorbereitete: Bei einem Vorgespräch erklärte er ihm, dass die bestehende Situation allen Beteiligten schade und man Abhilfe schaffen müsse. Dabei blieb er auf der Sachebene und behielt für sich, wie sehr die Kollegin unter der Situation litt.

Damit sich alle vorbereiten konnten, wurde das Konfliktgespräch für die Woche darauf angesetzt. Nach einem kurzen Einstieg wurden die Konfliktthemen gesammelt. Werner gab beiden Parteien die Chance, den Konflikt aus ihrer Sicht darzustellen. Dabei ging es unter anderem um die Fragen:

- Wie geht es Ihnen emotional mit dem Konflikt?
- Was ist Ihnen sachlich wichtig?
- Wie sehen Sie die Beziehung zum Konfliktpartner?

Welche Erwartungen haben Sie an den Konfliktpartner?

Im moderierten Gespräch wurden dann Lösungsvorschläge erarbeitet und Regeln für die weitere Zusammenarbeit vereinbart. Dabei achtete Werner darauf, dass sich beide Parteien mit Respekt behandelten. Gemeinsam wurde so eine neue Basis für die weitere Zusammenarbeit geschaffen.

Die zehn goldenen Regeln der Konfliktlösung

1. Seien Sie Vorbild im Umgang mit anderen. Zeigen Sie Respekt und Toleranz bei Fehlern und Missgeschicken.

2. Räumen Sie dem Thema Kommunikation genügend Zeit im Projekt ein und schaffen Sie ein Klima, in dem offene Kommunikation möglich ist.

3. Investieren Sie am Anfang Zeit in das Teambuilding. Schaffen Sie z. B. mit Teamevents einen Rahmen für gemeinsame Erlebnisse.

4. Halten Sie Augen und Ohren offen, im persönlichen Dialog ebenso wie in Meetings. Sprechen Sie Teammitglieder direkt an, wenn Sie das Gefühl eines sich anbahnenden Konfliktes beschleicht.

5. Entwickeln Sie ein Gespür für Konflikte und überprüfen Sie immer mal wieder das Klima in Ihrem Team.

6. Bleiben Sie fair. Behandeln Sie alle Teammitglieder gleich, auch wenn Ihnen jemand sympathischer ist als andere.

7. Loben Sie begründet. Dies spornt nicht nur den Gelobten an, sondern verhindert auch den Eindruck, dass Sie bestimmte Mitarbeiter bevorzugen.

8. Gehen Sie Konflikten nicht aus dem Weg. Sie lösen sich nicht von allein. Jedes Wegschauen führt nur zu einer weiteren Eskalation.

9. Lassen Sie Ihre Mitarbeiter nicht mit dem Konflikt allein. Als Führungskraft sind Sie gleichzeitig ein Coach, der auf sachlicher Ebene aktiv an der Lösung mitwirkt.

10. Lassen Sie sich nicht vereinnahmen und instrumentalisieren. Bleiben Sie unparteiisch. Ganz gleich, worum es geht: Es ist nicht Ihr Konflikt.

Alles fließt: vom Umgang mit Veränderungen

Immer mehr Projekte werden dynamisch geplant. Dies erhöht nicht nur die Gefahr von Konflikten, sondern lässt auch die Anforderungen an Projektleiter steigen: Sie sollen stets auf das Unerwartete vorbereitet sein, souverän reagieren und trotz aller Widerstände Zeit- und Budgetpläne einhalten. Dies alles stellt enorme Herausforderungen an die Resilienz des Projektleiters – aber auch an seine Change-Fähigkeiten. Denn immer öfter müssen Sie reagieren, bevor ein Problem komplett durchdacht oder durchschaut ist und Wechselwirkungen mit anderen Teilaufgaben fundiert abgeschätzt werden können. Auch, dass aufgrund der ständigen Änderungen in den Rahmenbedingungen und den stets neuen Informationen, die es zu berücksichtigen gibt, sämtliche Entscheidungen und Lösungswege ebenso regelmäßig infrage gestellt werden wie bereits vorhandene Teillösungen, macht die Lage nicht einfacher.

Die Lösung für das Dilemma: agile Führung

Unnötige Konflikte können Sie in solchen Situationen mit dem Modell der agilen Führung vermeiden. Dabei wandeln Führungskräfte sich vom Vorgesetzten mit Befugnis zu Entscheidungen und direkten Anweisungen zum Mentor ihres Projektteams. Voraussetzungen dafür sind persönliche Eigenschaften wie Kommunikations- und Überzeugungsstärke, Motivation und Weitblick. Der Mitarbeiter-Mentor von Morgen muss bereit sein, vermeintliche Macht abzugeben und umfangreich zu informieren. Er muss dem Projektteam genügend Freiraum geben, um eigenverantwortlich scheinbare Sachzwänge, Prozesse und Vorgaben zu hinterfragen. Und er sollte bereit sein, sein Wissen zu teilen sowie sein Netzwerk für andere zu öffnen.

Doch Vorsicht: Die Freiheit zu eigenverantwortlichem Handeln kann schnell dazu führen, dass Teammitglieder gegen einzelne Entscheidungen Veto einlegen oder zumindest einen Konsens im Team schaffen wollen. Beides ist problematisch – zum einen, weil für bestimmte Entscheidungen der Helikopterblick gefragt ist. Zum anderen, weil Konsensfindung Zeit benötigt – Zeit, die in dynamischen Projekten nicht immer zur Verfügung steht. Viel zu schnell können sich die Rahmenbedingungen ändern und dem Konsens die Basis entziehen. Deshalb gilt bei allen Freiheiten für andere: Sie als Projektleiter haben das letzte Wort. Sie entscheiden in letzter Instanz, welchen Lösungsweg Ihr Team einschlägt, welche bisherigen Lösungsschritte wieder verworfen werden und wo komplett neu angesetzt wird. Denn Sie sehen, wo sich Rahmenbedingungen ändern und wo neue Informationen vorliegen. Damit können Sie bei Entscheidungen die möglichen Wechselwirkungen beachten, die der Einzelne aufgrund seiner Rolle nicht überblicken kann.

> Machen Sie Ihre Entscheidungen transparent, um das Verständnis dafür zu fördern.

Die Situation kann zu Frust und Demotivation bis hin zu Selbstzweifeln und Ohnmachtsgefühlen im Team führen. Verstärkt wird dieses Risiko durch die Besonderheit der agilen Führung in dynamischen und komplexen Projekten: Die bisherigen Teilentscheidungen und eingeschlagenen Lösungswege werden immer wieder infrage gestellt.

Resiliente Teams funktionieren besser

Wer unter diesen Umständen mit einem motivierten Team arbeiten möchte, sollte nicht nur auf die Resilienz der einzelnen Mitarbeiter, sondern auch auf die des Teams achten. Denn ein Team ist genauso anfällig für Stress wie jeder Einzelne von uns. Verfügt es jedoch über ausreichend Widerstandskraft, um den steigenden Anforderungen zu begegnen, ist es flexibel und robust. Es erkennt rechtzeitig, wann interne oder externe Veränderungen eintreten, reagiert darauf und geht gestärkt aus der Situation hervor. Mit dieser organisationalen Fähigkeit der schnellen und erfolgreichen Anpassung bewegt es sich ständig zwischen Erhaltungs-, Reorganisations- und Wachstumsphasen.

Resiliente Teams

- sind bereit, neue Wege zu gehen und eingetretene Pfade zu verlassen;

- wagen einen Paradigmenwechsel;

- beschäftigen sich mit der Zukunft und Zukunftsszenarien, um Veränderungen rechtzeitig zu erkennen;

- vernetzen sich mit Partnern und sind bereit, diesen auch in schwierigen Situationen zu vertrauen;

- stärken die Unabhängigkeit der Mitarbeiter, damit sie besser auf interne und externe Veränderungen wie einen Wechsel in der Führung oder eine Wirtschaftskrise reagieren können;

- nutzen die Flexibilität und Kreativität der Teammitglieder.

Wie Sie Ihr Team stärken

Doch wie können Sie Ihr Team in seiner Widerstandskraft stärken? Dabei helfen angelehnt an die Sieben Säulen der Resilienz folgende Tipps:

1. **Optimistische Ausrichtung und Eigenverantwortlichkeit:** Auch, wenn Hierarchien bislang zur gelebten Unternehmenskultur gehören – in komplexen dynamischen Projekten haben starre Führungsstrukturen nichts zu suchen. Deshalb ist es wichtig, die Teammitglieder zu Eigenverantwortung zu ermutigen. Eine optimistische Grundstimmung im Team hilft dabei, die Erfolge mit den eigenen Kompetenzen und Handlungen in Verbindung zu bringen, aber auch den eigenen Anteil an Misserfolgen anzuerkennen, ohne in grundlegende Selbstzweifel zu verfallen. Dies unterstützt das Team darin, sich schnell aus Krisen herauszuarbeiten und bei unabwägbaren Situationen nicht das Selbstvertrauen und damit den Mut zum Handeln zu verlieren.

2. **Zukunftsorientierung**: Im Mittelpunkt des Projekts steht die Lösung. Der Weg dorthin ist in der Regel gepflastert mit

Stolpersteinen. Das sollte sowohl dem Projektleiter als auch den Teammitgliedern immer bewusst sein. Die Lösung für das Problem ist der Erfolg, nicht die einzelnen Teiletappen auf dem Weg dorthin. Und letztendlich zählt eben nur der Erfolg. Diese Sichtweise hilft allen, Durststrecken und Turbulenzen leichter zu nehmen und sich nach Rückschlägen schneller wieder auf die Arbeit zu konzentrieren. Der Projektleiter hat dabei die Aufgabe, die Perspektive bei Bedarf von der aktuellen Herausforderung auf die Gesamtlösung zu richten und so zu motivieren.

3. **Umfeld mit einem starken Netzwerk:** Dynamische Projekte können nur mit vereinten Kräften zu einem guten Abschluss geführt werden. Konkurrenzdenken ist hier fehl am Platz. Gefragt sind dagegen Teamspirit und Wissensmanagement sowie ein Netzwerk aus Kolleginnen und Kollegen, bei denen man sich Rat holen kann. Schließlich wirkt sich jede einzelne Teilentscheidung auf den Verlauf und die Qualität des Projektes aus – jedes einzelne Teammitglied trägt also einen Teil der Verantwortung für das Gelingen. Ein gutes Netzwerk und Unterstützung durch andere Teammitglieder sowie weitere Ansprechpartner im beruflichen und privaten Umfeld helfen dabei, Krisen zu überstehen und Probleme aktiv zu lösen.

4. **Sensitivität für nahende Turbulenzen:** Auch, wenn Änderungen normal sind und sich alles in einem stetigen Wandel befindet, heißt es aufmerksam zu bleiben. Wo zeigen sich erste Anzeichen für Turbulenzen? Was könnte auf eine even-

tuelle Krise hindeuten? Bei welchem Weg, welcher Lösung muckt das Bauchgefühl auf? Vor allem dann, wenn Entscheidungen nicht auf der Basis von handfesten Fakten getroffen werden können, sind solche Signale wichtig. Nur wenn sie erkannt werden, kann der Projektleiter aktiv gegensteuern und so die Krise selbst vermeiden oder zumindest ihre zeitliche Dauer einschränken.

5. **Fehlerkultur:** Führung in dynamischen Projekten ist nur mit einer entsprechenden Fehlerkultur möglich. Nur wenn die Mitarbeiter ohne Angst vor den Konsequenzen möglicher Fehlern arbeiten, sind sie in der Lage und willens, eigenverantwortliche Entscheidungen zu treffen und (Beinahe-)Fehler zu benennen. Aus diesen kann dann das gesamte Team lernen. Eine resilienzfördernde Fehlerkultur trägt so dazu bei, dass die Teammitglieder gemeinsam mit dem Projektleiter zu aktiven Gestaltern werden.

6. **Teamzusammenstellung:** Wer in komplexen dynamischen Projekten Entscheidungen treffen möchte, muss, meist ohne großes Faktenwissen, möglichst viele Wenn und Aber abwägen, Wechselwirkungen bedenken und dann aus dem vorhandenen Halbwissen heraus entscheiden. Erfahrungen und der Blick aus mehreren Perspektiven sind dabei wichtig. Bereits bei der Zusammenstellung des Teams sollte deshalb darauf geachtet werden, dass durch die unterschiedlichen Persönlichkeiten auch die notwendige Diversität entsteht. Dabei zahlen die unterschiedlichen Erfahrungen und Wissenshintergründe nicht nur auf die Lösungsfindung ein.

Durch die Auseinandersetzung mit unterschiedlichen Sichtweisen wird auch die Resilienz im Team gefördert.

7. **Wissensmanagement:** Auch hier spielt Diversität eine wichtige Rolle. Sie trägt – sofern sie zum Wissens- und Erfahrungsaustausch genutzt wird – dazu bei, komplexe Fragestellungen zu durchdringen. Nur der Austausch untereinander, die Diskussionen und der Rückhalt in den Netzwerken helfen dabei, ein Problem mit seinen vielen Wechselwirkungen zu durchdenken. Das ist eine Aufgabe, die in der Regel auch ein sehr erfahrener Projektmanager nicht alleine bewältigen kann. Erst mit dem Wissen und dem Background anderer ist er in der Lage, Entscheidungen zu treffen.

Die eigene Resilienz stärken

Um das Team auf die Anforderungen dynamischer Projekte vorzubereiten, sollten Sie selbst über eine hohe Widerstandskraft verfügen. Denken Sie dabei an den Ansatz von Andrew Shatté:

- Gefühle werden Gedanken.
- Gedanken werden Worte.
- Worte werden Taten.

Schritt 1: Lösungskompetenz trainieren
Durch das Beobachten der eigenen Gedanken, das Identifizieren von Denkfallen und das Aufspüren von Eisberg-Überzeugungen lassen sich negative Einflüsse auf die eigene Resilienz

erkennen (siehe hierzu näher das Kapitel »Die Sieben Schlüssel zu mehr innerer Stärke«). Um diesen die Macht zu nehmen, können Projektleiter ihre Lösungskompetenz trainieren. Dies geschieht beispielsweise, indem Herausforderungen bewusst eingeschätzt werden:

- Ist wirklich alles so negativ, wie es sich darstellt, oder gibt es auch gute Seiten daran?
- Welche Optionen gibt es außer der ersten gedanklichen Lösung noch?
- Welches Teammitglied kann dabei helfen, eine andere Perspektive auf die aktuelle Frage einzunehmen?
- Wie gelassen reagieren Sie? Was können Sie in dieser Situation unternehmen, um Druck rauszunehmen und der Gelassenheit mehr Platz einzuräumen?

Schritt 2: Katastrophendenken stoppen
Der nächste Schritt ist das bewusste Stoppen des Katstrophendenkens zugunsten des zuversichtlichen Denkens. Gerade in akuten Stresssituationen neigen wir zu einem Tunnelblick und achten zu viel auf Beschränkungen und negative Aspekte einer Herausforderung. Wir pflegen den defizitären Ansatz und überlegen, was nicht funktioniert. Die Gründe dafür sind ebenfalls schnell gefunden, halten einem kritischen Hinterfragen aber selten stand. Wer sich diese Reaktionen abtrainieren möchte, sollte sich selbst in Stresssituationen aktiv beobachten:

- Wie reagieren Sie im Stress?
- Wie begegnen Sie neuen Herausforderungen?

- Was könnte im schlimmsten Fall passieren? Wie wahrscheinlich ist es, dass dieses Worst-Case-Szenario wirklich eintritt?

- Und vor allem: Was können Sie aktiv dagegen tun?

Die letzte Frage leitet bereits zum nächsten Schritt über.

Schritt 3: Beruhigen und fokussieren

Beruhigen und fokussieren ist ein Schritt, der nicht immer leichtfällt. Vor allem nicht-resiliente Projektleiter, die unter ständiger Anspannung stehen, haben oftmals weder die Kraft noch die Ruhe, um in einer Krisensituation die notwendige Gedanken- und Impulskontrolle vorzunehmen. Hier können gezielte, auf die persönlichen Vorlieben abgestimmte Entspannungsübungen weiterhelfen.

Noch stärker als in Projekten mit klaren Vorgaben zum Lösungsweg ist die Reputation des Projektleiters in komplexen, dynamischen Projekten von seiner Widerstandskraft, seiner Resilienz, abhängig. Je resilienter Sie sind, umso besser können Sie das Projekt managen und Ihrer Aufgabe als Mitarbeiter-Mentor gerecht werden.

BEISPIEL

Während seiner Karriere hat Franz schon zahlreiche Software-Projekte betreut. Seine Vorgesetzten, aber auch seine Teams schätzten ihn dabei für seine Ruhe und Besonnenheit, die er auch dann behielt, wenn der Zeit- und Kostendruck zunahm.

Doch mit dem aktuellen Projekt steht der erfahrene Projektmanager vor neuen Herausforderungen. Denn anders als bisher ändern sich hier stetig die Rahmenbedingungen – Franz hat zum ersten Mal ein dynamisches Projekt übernommen. Die Grundlage für seine Ruhe – durchdachte und auf fundierten Informationen basierende Entscheidungen – gibt es dort nicht. Er wird unsicher, gerät ins Straucheln und läuft zum ersten Mal in seiner Laufbahn Gefahr, ein Projekt vor die Wand zu setzen.

Bernhard, ein langjähriger Kollege und Wegbegleiter, bemerkt, wie sich das Verhalten seines Freundes nach und nach ändert: dass er immer pessimistischer wird, lustlos und vor allem, dass er den Rückhalt im Team verliert. Darauf angesprochen fasst sich Franz ein Herz. Er erzählt von der Unsicherheit und dem Ohnmachtsgefühl, das er zum ersten Mal als Projektleiter verspürt. Schnell wird klar, dass seine Resilienz gestärkt werden muss. Bernhard empfiehlt ihm dazu einen Coach, der ihn ein wenig im Projektalltag begleitet, ihm dabei hilft, seine Denkfallen zu erkennen und zu umgehen. Franz nimmt den Rat an. Einige Zeit später strahlt er wieder die Ruhe und Kraft aus, die man von ihm gewohnt ist. Seine Entscheidungen werden nun wieder von allen Seiten akzeptiert. So kann er das Projekt trotz aller Unwägbarkeiten doch noch zu einem guten Abschluss bringen.

Turbulenzen und Unwägbarkeiten meistern

Erinnern Sie sich an die Warnung, dass es keinen perfekten Projektplan gibt? Weil sich Rahmenbedingungen und Anforderungen ständig ändern? Weil es im Unternehmen zu Änderungen kommt, die sich auf Ihr Projekt auswirken? Und weil es ohnehin nie ganz perfekt laufen kann? Dann wissen Sie auch sicherlich, dass Turbulenzen zum Projektalltag gehören. Dass man sie einplanen muss, obwohl sie eben genau das nicht sind: planbar. Wie also damit umgehen, dass es immer wieder zu Turbulenzen, wie z.B. geänderten Rahmenbedingungen, gekürzten Budgets oder Änderungen im Team, kommt?

Werden Sie sich der eigenen Stärken und Ressourcen bewusst. Erinnern Sie sich daran, wie Sie welche Herausforderungen gemeistert haben. Und setzen Sie auf effizientes Projektcontrolling – eine der wichtigsten Voraussetzung, um auch bei Turbulenzen den Überblick zu behalten. Nur wenn Sie alles im Blick haben, geraten Sie bei unkalkulierbaren Veränderungen nicht ins Schlingern. Denn Projektsteuerung, Projektplanung und Projektdurchführung sind eng miteinander verzahnt. Lassen Sie also bei der Projektsteuerung die Zügel hängen, läuft auch die Projektdurchführung früher oder später aus dem Ruder. Ihr Team weiß dann nämlich nicht, wie es auf die geänderten Rahmenbedingungen reagieren soll.

Wenn alles anders kommt als erwartet

Wie aber lässt sich ein Projekt trotz aller Unwägbarkeiten effizient und effektiv steuern, planen und durchführen? Die folgenden Tipps helfen Ihnen dabei:

- Führen Sie eine Stakeholderanalyse durch: Wer ist für Ihr Projekt wichtig? Wer hat welche Interessen? Wer unterstützt Sie und das Projekt; bei wem müssen Sie mit Widerstand rechnen?

- Planen Sie Ihr Projekt vollständig – vor allem und gerade dann, wenn Sie stets mit Änderungen rechnen müssen. Passen Sie Ihren Projektplan einfach bei Bedarf auf die neuen Rahmenbedingungen an.

- Setzen Sie messbare und überprüfbare Ziele. Damit lassen sich nicht nur die Erfolge messen – Sie schaffen damit auch Sicherheit für Ihr Team.

- Betreiben Sie Risikomanagement. Spielen Sie verschiedene denkbare Szenarien durch. Was kann an welcher Stelle schiefgehen und wie können Sie darauf reagieren?

- Bauen Sie ein wirksames Frühwarnsystem auf. Wann werden Sie von wem informiert, wenn z. B. Teilziele nicht erreicht werden, sich Rahmenbedingungen verändern?

- Achten Sie auf ein durchgängiges Berichtswesen. Nur wenn Sie alle relevanten Informationen haben, können Sie entsprechend entscheiden und eingreifen.

- Vereinbaren Sie Teamregeln (siehe dazu das nächste Kapitel). Damit stellen Sie sicher, dass die Teammitglieder respektvoll miteinander umgehen, die Projektrollen kennen und sich an die vereinbarten Prozesse halten.

- Achten Sie auf transparente Kommunikation. Nur wenn das Team Ihre Entscheidungen nachvollziehen kann, wird es Sie dauerhaft unterstützen.

Projektcontrolling: Halten Sie die Fäden in der Hand

Eine der größten Unwägbarkeiten bei Projekten ist der Faktor Mensch. Wie gehen Teammitglieder mit steigenden Anforderungen um? Oder damit, dass sie – wenn auch nur zeitweise – mit einem Kollegen zusammenarbeiten sollen, bei dem »die Chemie« nicht stimmt? Hängt von dem Projekt viel für das Unternehmen oder für die eigene Karriere ab, kann der Druck auf einzelne Projektmitarbeiter so hoch werden, dass sie sich innerlich zurückziehen oder sogar versuchen, eigene Fehler zu vertuschen. Das ist menschlich, schadet aber allen Beteiligten. Nicht zuletzt natürlich auch demjenigen Mitarbeiter, der aus Angst oder Hilflosigkeit so reagiert.

Teamregeln

Neben den methodischen und organisatorischen Voraussetzungen spielen daher auch menschliche Aspekte eine große Rolle für ein erfolgreiches Projektcontrolling. Diese erinnern nicht ohne Grund an die Sieben Säulen der Resilienz – geht es hier doch um die Widerstandsfähigkeit des Teams. Und diese kann nur dann erhalten und gestärkt werden, wenn es entsprechende Teamregeln gibt, die zu einer angstfreien und zielgerichteten Zusammenarbeit beitragen. Achten Sie deshalb darauf, in den Teamregeln folgende Aspekte zu berücksichtigen.

- **Lösungsorientierung:** Es gibt eine offene Fehlerkultur, in der Probleme und Schwierigkeiten direkt und zeitnah angesprochen werden. So kann gemeinsam nach Lösungen gesucht werden.

- **Verantwortung übernehmen:** Wenn etwas aus dem Ruder läuft, wird darüber bei Bedarf sofort proaktiv berichtet – wenn es nicht kritisch ist, spätestens beim nächsten Meeting. Projektberichte, Status und anderes werden nicht geschönt, sondern spiegeln die Fakten wider – auch dann, wenn mal etwas nicht so geklappt hat, wie geplant. Nur so lassen sich Korrekturen durchführen oder Fehler beheben.

- **Selbststeuerung:** Teammitglieder stehen füreinander ein und unterstützen sich gegenseitig. Aufgaben und Herausforderungen werden durch das Wissen und das Tun aller gemeinsam gelöst. So wird der Druck auf den Einzelnen gemindert; das positive Denken überwiegt.

- **Akzeptanz:** Projektarbeit ist spannend und mit Turbulenzen sowie mit Unwägbarkeiten verbunden. Dies macht die Aufgaben nicht einfacher. Controlling hilft dabei, den eigenen Status zu prüfen und Korrekturen anzuregen. Es geht dabei um Hilfe und Unterstützung, nicht um misstrauische Kontrolle.

- **Optimismus:** Auch, wenn es schwierig wird, gibt es keinen Grund, das Handtuch zu werfen: Dank der Diversität und dem herrschenden Teamgeist wird es eine gemeinsame Lösung geben. Wichtig ist es, nach vorne zu schauen.

- **Beziehungen gestalten:** Die Teammitglieder akzeptieren und respektieren sich gegenseitig. Sie stehen füreinander ein und greifen bei Bedarf auf das Wissen und die Fähigkeiten der anderen im Team zurück.

- **Zukunft gestalten:** Jedes Projekt bringt das Team und den Einzelnen ein Stück weiter. Diese Erfahrungen können wir dann wiederum in neue Aufgaben einbringen. Dabei lernen wir nicht nur von unseren Erfolgen, sondern auch von Fehlern und Rückschlägen.

Mit diesen Punkten legen Sie die Basis für ein effektives Projektcontrolling. Am besten schwören Sie Ihr Team im Rahmen eines Workshops auf die Regeln ein. Wichtig: Je mehr sich die Teammitglieder einbringen können, je mehr Regeln von ihnen kommen, umso eher werden sie sich auch daran halten.

Fehlt die Zeit für einen Workshop, können Sie z. B. alle Mitglieder bitten, innerhalb einer bestimmten Zeitspanne drei Punkte aufzuschreiben, die für sie wichtig sind, und diese zum nächsten Meeting mitzubringen. Die Notizen werden eingesammelt, ausgewertet und beim nächsten Meeting von allen priorisiert.

Quantitatives und qualitatives Projektcontrolling

Haben Sie mit den Teamregeln die Basis für ein effektives Projektcontrolling geschaffen, geht es darum, dieses umzusetzen und mit Leben zu füllen. Wichtig sind dabei sowohl qualitative als auch quantitative Kriterien, wie z. B. die durchschnittliche Zahl der Krankheitstage, der Versetzungsanträge oder der Kündigungen seitens der Mitarbeiter. Diese Zahlen lassen Rückschlüsse auf die Mitarbeitermotivation zu. Sie ist eine der wichtigen, aber schwer fassbaren Kennzahlen des qualitativen Projektcontrollings – ebenso wie die Qualität der Kommunikationsbeziehungen, die Akzeptanz des Projektes bei Betroffenen und Beteiligten sowie die Unterstützung durch das Management.

In der Startphase des Projektes ist vor allem qualitatives Projektcontrolling gefragt: Wie gestaltet sich die Kommunikation untereinander? Wie zufrieden sind die Mitarbeiter? Erst nach einigen Wochen können Sie sich verstärkt auf das quantitative Projektcontrolling konzentrieren – sobald die ersten Zahlen vorliegen und ausgewertet werden können.

Einfacher ist das quantitative Projektcontrolling – hier geht es um Zahlen und Fakten, wie z. B. die Einhaltung von Terminen und des Budgets sowie das Erreichen der festgelegten Meilensteine. Dazu ist es wichtig, während des Projektes die relevanten Daten zu ermitteln und auszuwerten. Vor allem bei den Kosten wird dies gerne vernachlässigt, unter anderem deswegen, weil die Beschaffung der Daten zu geplanten und tatsächlichen Kosten aufwendig ist. Da Sie als Projektleiter die Einhaltung der Kosten mitverantworten und bei Bedarf nachbessern oder sogar auf die Bremse drücken müssen, sollten Sie sich für diese Aufgabe die notwendige Zeit nehmen. Nur so können Sie Ihrer Projektverantwortung umfassend gerecht werden. Hilfestellung erhalten Sie dabei von der Buchhaltung bzw. dem Rechnungswesen Ihres Unternehmens und vom Projektteam selbst. Fordern Sie die Angaben aktiv ein und vereinbaren Sie klare Berichtstermine und -zeiträume, damit Sie beim Controlling auf aktuelle Daten zurückgreifen können. Die Auswertung der Daten zeigt Ihnen, wie weit Projektplanung und tatsächlicher Verlauf übereinstimmen und wo die Abweichungen liegen: ob Sie den Zeitplan einhalten, hinterherhinken oder vielleicht schon mehr ausgegeben haben als geplant.

> Das Projektcontrolling ist eines der wichtigsten Instrumente der Projektsteuerung. Nehmen Sie sich Zeit dafür

Nur ein Problem oder schon eine Krise? Krisenmanagement

Vor allem zu Anfang eines Projekts wird es immer wieder dazu kommen, dass Plan und Realität voneinander abweichen. Das ist normal und wird im Laufe des Projektes nachlassen – vorausgesetzt, Sie steuern entsprechend nach. Dies ist nicht nur wichtig, um den Überblick zu behalten und zeitnah auf Herausforderungen zu reagieren. Nicht beachtete Probleme können sich zu handfesten Krisen entwickeln, die das gesamte Projekt, vielleicht sogar auch das Unternehmen gefährden.

Aber was macht eine Krise aus? Und wo liegt der Unterschied zu einem Problem? Eine Krise ist eine unstrukturierte und meistens nicht vorhergesehene Situation, die ebenso gut plötzlich auftauchen als sich auch schleichend entwickeln kann. Ihre Ursachen können im Fehlverhalten von Mitarbeitern oder dem Management liegen. Sie kann aber auch durch äußere Einflüsse hervorgerufen werden – beispielsweise durch neue, nicht vorhersehbare Rahmenbedingungen, wie z. B. den verkündeten Atomausstieg nach der Nuklearkatastrophe von Fukushima. Diese für Kernkraftwerksbetreiber nicht vorhersehbare Änderung der deutschen Energiepolitik hat die künftige Entwicklung der Betreiber nachhaltig beeinflusst und stellt einen Wendepunkt dar – ein klassisches Merkmal einer Krise.

BEISPIEL

Ein international tätiger Logistikdienstleister für die chemische und petrochemische Industrie möchte auf dem Gelände eines Binnenhafens ein Lager bauen. Der Hafenbetreiber verpachtet ihm die Fläche, das Gebäude wird geplant und die Baugenehmigung beantragt. Als die Pläne bekannt werden, bildet sich eine Bürgerbewegung gegen das Lager. Deren Argument: Auf dem Gelände sollen auch gefährliche chemische Stoffe gelagert werden, die beispielsweise bei einem Brand in die Umwelt gelangen könnten. Da die nächsten Häuser in unmittelbarer Nähe stehen, sieht sich die Bevölkerung gefährdet.

Der Projektleiter schätzt die Situation falsch ein und pocht darauf, dass er laut Gesetz einen Anspruch auf die Baugenehmigung hat. Statt den Dialog zu suchen, ignoriert er die Bürgerbewegung. In den kommenden Monaten werden immer neue Gutachten gefordert, die die Unbedenklichkeit des geplanten Lagers unter Beweis stellen sollen. Parallel dazu zahlt das Unternehmen Monat für Monat einen sechsstelligen Betrag für die Pacht, ohne das Grundstück nutzen zu können. Nach etwas über einem Jahr gibt der Logistikdienstleister auf und gibt die Fläche frei. Der neue Pächter will hier ebenfalls ein Lager bauen – allerdings für Mineralwasser. Er erhält die Genehmigung innerhalb kürzester Zeit.

Dieses Beispiel zeigt ein weiteres typisches Merkmal einer Krise: die Gefährdung des Projektziels, hier der Bau des Lagers. Handeln ist in solchen Fällen unausweichlich. Und dies sollten Sie mit möglichst klarem Kopf tun, denn sonst laufen Sie Gefahr, den Überblick zu verlieren. Folgende Tipps helfen Ihnen dabei:

1. Akzeptieren Sie die Situation und setzen Sie sich aktiv mit den neuen Bedingungen auseinander. Nur wenn Sie ehrlich mit den Tatsachen umgehen, können Sie eine Lösung finden.

2. Handeln Sie lösungsorientiert. Merken Sie, dass der eingeschlagene Weg nicht funktioniert, ist Plan B gefragt. Greifen

Sie dabei auf die Erkenntnisse des Risikomanagements zurück: Welche Szenarien sind in Ihrer Situation erfolgversprechend? Wovon sollten Sie lieber Abstand nehmen?

3. Übernehmen Sie Verantwortung und handeln Sie. Kommunizieren Sie ehrlich und offen mit Ihrem Auftraggeber über die Krise, deren Ursachen und mögliche Lösungsstrategien. Vertuschen und verschleiern Sie nichts – auch dann nicht, wenn der Fehler bei Ihnen liegt.

4. Nutzen Sie Ihr Netzwerk, um die Krise schnellstmöglich beizulegen. Wer seine Beziehungen im Vorfeld gepflegt hat, wird jetzt davon profitieren.

5. Bleiben Sie am Steuer! Setzen Sie Ihren neuen Plan konsequent um, ohne jedoch dabei das Projektcontrolling zu vergessen. Informieren Sie Betroffene und Auftraggeber regelmäßig: Wo steht das Projekt? Welche Herausforderungen wurden gemeistert? Wo gibt es weitere Schwierigkeiten? Und wie gehen Sie damit um?

6. Bleiben Sie optimistisch. Suchen Sie nach positiven Aspekten, um Ihre Kräfte zu mobilisieren. Achten Sie auf die Motivation Ihres Teams und auf eine offene Fehlerkultur. Loben Sie dort, wo es angebracht ist. Ist Kritik gefragt, achten Sie auf Sachlichkeit und respektvollen Umgang.

7. Lernen Sie aus Erfahrungen. Denn die nächste Krise kommt bestimmt – mit neuen Herausforderungen und noch nicht gekannten Fragestellungen. Aber: Sie lässt sich genauso bewältigen wie die aktuelle Krise – mit den Sieben Säulen der Resilienz.

Haben Sie die Krise gemanagt, dürfen Sie sich doppelt freuen. Denn mit der Flexibilität und dem Wissen, das Sie in dieser Situation unter Beweis gestellt haben, haben Sie sich gleichzeitig für den nächsten Karriereschritt qualifiziert.

Wann Sie die Notbremse ziehen sollten

Ganz gleich, wie gut Sie ein Projekt geplant haben und wie groß die Unterstützung durch Ihre Auftraggeber und die Stakeholder ist: Es kann immer wieder vorkommen, dass ein Projekt abgebrochen werden muss, weil es – aus welchen Gründen auch immer – keinen Sinn macht, es weiter nach vorne zu treiben. Die tröstliche Nachricht: Sollten Sie sich einmal in einer solchen Situation befinden, sind Sie damit nicht allein. Rund 30 Prozent aller Projekte scheitern – so eine Studie von GPM Deutsche Gesellschaft für Projektmanagement und PA Consulting. Dabei geht es nicht nur um Großprojekte wie den Transrapid, die Wiederaufbereitungsanlage Wackersdorf, den scheinbar nie fertig werdenden Berliner Flughafen oder das Kernkraftwerk Kalkar, das nie ans Netz ging. Auch IT-Projekte, die Entwicklung neuer Maschinen oder medizinische Geräte und zahlreiche weitere Projekte scheitern aus den unterschiedlichsten Gründen.

Vielen Verantwortlichen fällt es jedoch schwer, rechtzeitig die Notbremse zu ziehen. Schließlich könnte das gescheiterte Projekt ja direkt mit der eigenen Kompetenz in Zusammenhang gebracht werden – auch wenn die Ursachen ganz woanders liegen und man selbst keinen Einfluss darauf hatte. Je wichtiger und imageträchtiger das Projekt für ein Unternehmen ist, umso schwerer fällt es uns dabei, ein Scheitern einzuräumen. Wir neigen dazu, die Probleme zu verharmlosen und nach Lösungen zu suchen, die tatsächlich keine sein können.

BEISPIEL

Es werden immer wieder neue Gutachten beauftragt, um doch noch die benötigte Baugenehmigung zu erhalten.

Dem unzuverlässigen Lieferanten wird noch eine weitere Frist eingeräumt, weil es dann ja vielleicht doch weitergehen könnte.

Trotz Fehlkalkulation werden weitere Mittel bereitgestellt, weil man mit diesen und jenen Schwierigkeiten ja nicht hatte rechnen können – und sonst die gesamte Investition verloren ist, zusammen mit dem guten Ruf des Unternehmens.

In solchen Fällen helfen klare Ausstiegsszenarien, die Sie am besten gleich zu Projektbeginn mit Ihrem Auftraggeber vereinbaren. Klären Sie,

- welche Bedingungen erfüllt sein müssen, um das Projekt als gescheitert anzusehen, und

- wer im Zweifel dazu berechtigt ist, die Weiterführung des Projektes unter bestimmten Voraussetzungen doch noch zu veranlassen.

Wenn die Anforderungen steigen

Ein Abbruch des Projektes kann auch dann notwendig sein, wenn die Anforderungen stetig steigen und einfach nicht mehr zu bewältigen sind.

BEISPIEL

Das Budget wird gekürzt, gleichzeitig soll die neue Software aber jetzt plötzlich viel mehr Features abdecken.

Das Waschmaschinenmodell für den internationalen Markt soll nun nicht mehr in drei Monaten entwicklungsreif sein, sondern bereits in sechs Wochen.

Auch hier hilft nur noch eines: Ziehen Sie die Notbremse! Sprechen Sie mit Ihrem Auftraggeber über mögliche Zielkonflikte und warum eine Fortsetzung des Projektes unter den neuen Voraussetzungen keinen Sinn mehr macht.

Um unbeschadet aus dieser Situation herauszukommen, sollten Sie das Gespräch entsprechend vorbereiten:

- Stellen Sie alle Informationen zusammen, die für die ursprüngliche Projektplanung relevant waren: Was war der konkrete Auftrag? Welchen Zeitrahmen hatten Sie zur Verfügung? Welches Budget war vorhanden? Mit wie vielen Mitarbeitern sollte das Ziel erreicht werden?

- Stellen Sie dar, was Sie bisher erreicht haben: Wo waren Sie bereits auf dem richtigen Weg? Welche Erfolge haben Sie erzielt? Welche Erfolge konnten aus welchen Gründen nicht erreicht werden?

- Zeigen Sie anhand von Szenarien auf, welche Folgen die neuen Anforderungen für das Projekt und für das Team haben: Was bedeuten sie für den Zeitplan, die Kosten, die Manpower? In welchem Zusammenhang stehen Investition und Ertrag?

- Begründen Sie den empfohlenen Ausstieg positiv: Führen Sie z. B. an, dass dadurch unkalkulierbare Kosten für das Unternehmen vermieden werden. Weisen Sie auf den möglichen Imageverlust für das Unternehmen hin, den ein Weitermachen nach sich ziehen könnte.

Persönliche Ausstiegsszenarien

Das Projekt ist zwar mit den neuen Rahmenbedingungen machbar, Sie sind dafür jedoch nicht der geeignete Projektleiter? Dann sollten Sie Ihren Rückzug sachlich vorbereiten – und zwar ähnlich dem oben genannten Ausstiegsszenario. In diesem Fall geht es aber nicht darum, das komplette Projekt zu beenden, sondern entweder Unterstützung für sich selbst zu organisieren, oder aber einen geordneten Wechsel des Projektleiters einzuläuten. Damit das ohne Schaden für das Projekt gelingt, sollten Sie Ihren Auftraggeber frühzeitig darüber informieren, dass Sie sich zurückziehen wollen. Nur so kann rechtzeitig nach einem neuen Projektleiter oder einer anderen Lösung gesucht werden.

Kein Meilenstein steht für sich: Komplexität im Projekt managen

Ohne Projektplan geht es im Projektmanagement nicht, vor allem, wenn es darum geht, trotz aller Komplexität den Überblick zu behalten. Ändern sich die Anforderungen, ist es an der Zeit, den Plan kritisch zu betrachten. Schauen Sie genau hin:

- Stimmen die Projektziele, der Zeitplan und der Kostenrahmen noch?

- Hat sich die Teamstruktur geändert? Sollte sie sich aufgrund neuer Anforderungen ändern, sich also dem Projekt anpassen?

- Machen die Meilensteine nach heutigem Stand noch Sinn? Sind sie in dem vorgegebenen Zeitrahmen mit den vorgesehenen Mitarbeitern und den dafür eingestellten Budgets erreichbar?

- Welche Meilensteine wurden bereits erreicht? Was bedeutet dies vor dem Hintergrund der geänderten Projektziele und Rahmenbedingungen?

Gehen Sie alles Schritt für Schritt durch. Die Zeit, die Sie hier investieren, sparen Sie später doppelt und dreifach wieder ein. Bedenken Sie dabei, dass die Meilensteine aufeinander aufbauen. Und dass es gerade in dynamischen Projekten immer wieder zu Überraschungen kommen kann, die Sie dann vor eine Entscheidung stellen. Oder zumindest in die Situation bringen, eine Entscheidung durch den Auftraggeber vorzubereiten.

1. So oder so: Um eine fundierte Entscheidung treffen zu können, müssen die entsprechenden Informationen vorliegen. Sie sind Basis für die Frage, wie es weitergeht. Doch welche Informationen werden überhaupt benötigt? Dies finden Sie am besten heraus, indem Sie die aktuelle Aufgabenstellung genau beschreiben. Worum geht es bei dieser Entscheidung? Warum ist sie für das Projekt wichtig?

2. Davon ausgehend werden im nächsten Schritt das Umfeld, die bisherigen Maßnahmen und Erfolge beschrieben. Was wurde bisher erreicht? Wo steht das Teilprojekt? Hier geht es auch darum, was genau nun entschieden werden soll.

3. Als Projektleiter haben Sie den Überblick und damit auch einen Lösungsvorschlag. Diesen formulieren Sie in Schritt Nr. 3 inklusive der Vor- und Nachteile, die sich daraus ergeben. Greifen Sie dabei ruhig auf Methoden des Risikomanagements zurück und entwerfen Sie verschiedene Szenarien. Vergessen Sie dabei nicht die Antwort auf die Frage, was passiert, wenn nichts geschieht. Gibt es mehrere Lösungswege, sollten Sie diese ähnlich analysieren und beschreiben. Dies gilt vor allem dann, wenn es bei den Vor- und Nachteilen daraus nur wenige Unterschiede für das Projekt gibt. Begründen Sie, warum Sie sich für eine Lösung entscheiden bzw. diese empfehlen. Zeigen Sie dazu mindestens drei positive Konsequenzen für das Projekt auf. Stellen Sie auch dar, ob und wie dieser Lösungsweg das Projektziel unterstützt.

Auch bei Entscheidungen spielen die unterschiedlichen Charaktere der Menschen eine wichtige Rolle. Während der eine intuitiv entscheidet, braucht der andere Fakten. Je besser Sie Ihren Auftraggeber kennen, umso besser können Sie Ihre Pro- und Kontra-Argumente zu einem Lösungsweg auf seinen Charakter abstimmen. Dabei geht es nicht darum, ihn zu manipulieren. Vielmehr sollten Sie die Basis der Entscheidung so vorbereiten, dass er die Argumente leichter für sich verarbeiten kann.

Je besser Sie Ihren Projektplan pflegen und die anstehenden Entscheidungen vorbereiten, umso weniger können Sie von neuen Entwicklungen überrascht werden. Und dies, obwohl die Abweichungen zwischen tatsächlichem Projektverlauf und Projektplan gerade in der Anfangsphase auch mal 50 Prozent betragen können. Die gute Nachricht: Im Verlauf des Projekts nehmen die Abweichungen ab, so dass Sie bei neuen Entwicklungen immer souveräner reagieren können.

Auf einen Blick: Erste Hilfe in brenzligen Situationen

- Egal, ob Paar-, Gruppen oder Organisationskonflikt – Konflikte lösen sich nie von selbst. Je frühzeitiger Sie nach einer konstruktiven Lösung suchen, desto besser.

- Ein Projekt, das sich wie anfangs geplant entwickelt, gibt es nicht. Änderungen und Turbulenzen sind völlig normal. Je resilienter Sie und Ihr Team sind, desto flexibler und stressfreier können Sie damit umgehen.

- Es gibt Situationen in Projekten, in denen scheinbar nichts mehr geht. Ziehen Sie rechtzeitig die Notbremse und holen Sie sich Unterstützung. Ein Aussitzen kann fatal sein.

So werden Projekte zum Karriere-Kick

Die Arbeit in Projekten wird immer wichtiger. Entsprechende Erfahrungen und Qualifikationen sind Gold wert, wenn Sie beruflich ein gutes Stück vorankommen wollen – unabhängig davon, ob Sie Projektleiter oder Teammitglied sind.

In diesem Kapitel erfahren Sie u. a., wie Sie

- Ihre Karriere mithilfe von Projektmanagement planen und beschleunigen,

- Ihre Führungsqualitäten in Krisensituationen unter Beweis stellen,

- zu einem starken, verlässlichen Projektpartner werden.

Warum Know-how im Projektmanagement so wichtig ist

Projektmanagement ist die Arbeitsform der Zukunft. Dies gilt vor allem für die Unternehmen, die standortübergreifend zusammenarbeiten – sei es national oder international: Nur, wenn an den verschiedenen Standorten das gleiche Verständnis für Prozesse vorherrscht, wenn alle die gleiche Sprache sprechen und es einheitliche Standards gibt, kann gemeinsam an einer Aufgabe – einem Projekt – gearbeitet werden. Das klingt selbstverständlich, ist es aber nicht. Die Praxis zeigt vielmehr, dass teilweise schon von Abteilung zu Abteilung andere Standards gelten. Das fängt bei Dokumentenvorlagen an und geht über Kommunikationsprozesse und Wissenstransfer bis hin zur Projektdokumentation. Und dies, obwohl abteilungs- und standortübergreifende Projekte immer weiter zunehmen.

BEISPIEL

Es gibt viele Beispiele für solche Projekte:

- die Waschmaschine, die nur mit einigen wenigen länderspezifischen Modifikationen auf den Markt kommen soll, ansonsten aber über das gleiche Grundmodell verfügt.

- der Pkw, der in den verschiedenen Ländern zum Großteil identisch ist, sich aber dann – aufgrund unterschiedlicher rechtlicher Regelungen – in einigen Details grundlegend unterscheidet.

- die unternehmenseigene Software, die die Anforderungen der Mitarbeiter in Russland ebenso berücksichtigt wie der Mitarbeiter in den USA, in Norwegen oder im Vereinigten Königreich.

Auch in anderen Branchen steigt die Zahl der Projekte und ihre Bedeutung für den wirtschaftlichen Erfolg eines Unternehmens. Und dies unabhängig davon, ob sie sich mit organisatorischen, informationstechnischen, technischen oder kaufmännischen Problemlösungen befassen. Fehlende einheitliche Standards und Prozesse erhöhen dabei das Risiko, dass ein Projekt scheitert – völlig unabhängig davon, wie engagiert der Einzelne mitarbeitet.

PM als Karrierefaktor

Natürlich steigen mit dieser Entwicklung auch die Erwartungen und Anforderungen an die Mitarbeiter: Projektmanagement-Wissen wird für die eigene Karriere immer wichtiger. Gerade in international agierenden Unternehmen, aber auch im deutschen Mittelstand. Denn selbst wenn es »nur« um die interne Weiterentwicklung eines Produktes geht, sind in der Regel mehrere interne und externe Partner daran beteiligt. Eine einheitliche Sprache und ein gemeinsames Verständnis für Prozesse und Anforderungen sind auch hier die Grundvoraussetzungen für einen erfolgreichen Projektabschluss.

Anders als vor 25 Jahren, als das Projektmanagement gerade erst in Deutschland bekannt wurde, reicht es heute deshalb nicht mehr aus, sich ein wenig in die Materie eingearbeitet zu haben. Im Gegenteil: Viele Arbeitgeber setzen PM-Wissen und -Erfahrung heute schlicht voraus. Wer hier mit Qualifikationen aufwarten kann, hat entsprechend gute Aussichten.

Versäumen Sie es nicht, Ihren Vorgesetzten und die Personal-abteilung über neue Qualifikationen zu informieren – schließ-lich haben Sie damit in Ihre Karriere investiert. Sollten Sie sich in puncto Projektmanagement weitergebildet haben und über entsprechende Qualifikationen verfügen, gilt es, dies unbe-dingt transparent zu machen – z. B. in Ihrem Profil bei den Bu-siness-Netzwerken XING und LinkedIn, aber auch im Intranet.

BEISPIEL

Felix hat sich viel vorgenommen: Der Betriebswissenschaftler möch-te in einem internationalen Konzern die Karriereleiter aufsteigen. Die Basis dafür hat er mit seinem Studium, den Auslandsaufenthalten und den ersten Berufsjahren in einem mittelständischen Betrieb gelegt. Bereits hier fiel ihm jedoch ein großes Manko auf: sein fehlendes Projektmanagement-Wissen. Zwar hat er sich schnell eingearbeitet und mit Hilfe der Kollegen erste Lücken schließen können – wohl und sicher gefühlt hat er sich mit diesem Halbwissen jedoch nicht. Vor dem nächsten Karriereschritt entschloss er sich deshalb dazu, ein be-rufsbegleitendes Studium mit der Fachrichtung Projektmanagement zu absolvieren. 21 Monate lang büffelte er, bis er den ersehnten zusätzli-chen Master-of-Arts-Abschluss hatte.

Tatsächlich half ihm das Zusatzstudium doppelt und dreifach: Endlich fühlte er sich im Projektmanagement sattelfest – auch aufgrund der Praxisorientierung innerhalb des Studiums. Zudem konnte mit sei-nem Wissen seinen bisherigen Arbeitgeber beeindrucken. Zusätzlich stach er damit im Bewerbungsverfahren um seinen neuen Job einen Wettbewerber aus, der zwar mehr Berufserfahrung hatte, aber beim Thema Projektmanagement aufgrund der fehlenden Nachweise nicht überzeugen konnte.

Dank des Studiums bekam Felix also seinen Traumjob und konnte er-folgreich in die nächste Karrierephase starten.

Aber auch ohne offizielles Zertifikat hilft PM-Wissen bei der eigenen Karriere weiter. Schließlich lernen wir mit jeder neuen Herausforderung hinzu und können dieses Wissen bei späteren Projekten mit einbringen. Häufig bleibt den Mitarbeitern auch nichts anderes übrig. Denn obwohl viele Arbeitgeber die Wichtigkeit des Projektmanagements erkannt haben, fehlen oftmals einheitliche Standards für eine effiziente Projektorganisation. Gerade weil PM-Wissen als selbstverständlich vorausgesetzt wird, machen sich viele keine Gedanken über entsprechende Ausbildungs- und Qualifizierungsmaßnahmen.

Es muss nicht immer ein Studium sein: Im Bereich Projektmanagement gibt es anerkannte Zertifikate, die Sie im Rahmen einer Weiterbildung erlangen können. Damit weisen Sie nach, dass Sie international anerkannte PM-Prozesse, -Methoden und -Maßnahmen kennen, ohne gleich ein Studium absolvieren zu müssen. Mehr Infos dazu finden Sie z. B. auf der Website des Project Management Institute, der weltweit größten Organisation für Projektmanagement: www.pmi.org.

Ihre Karriere: Wohin soll die Reise gehen?

Weil sie im Berufsalltag immer wichtiger werden, können Projekte zum entscheidenden Karriere-Kick werden. Sie können den Schub bringen, den Sie für Ihren weiteren Weg brauchen. Schließlich haben Sie in einem Projekt die Chance, Ihre Qualifikationen und Stärken zu beweisen und damit die Weichen für die weitere berufliche Zukunft zu stellen. Damit dies gelingt, sollten Sie sich zunächst darüber klarwerden, wohin Ihre Reise gehen soll. Die folgenden Fragen helfen Ihnen dabei.

	Schritt für Schritt zur nächsten Sprosse auf der Karriereleiter
1.	Sind Sie mit Ihrer aktuellen Position bzw. Rolle im Projekt zufrieden oder fühlen Sie sich damit über- bzw. unterfordert?
2.	Machen Ihnen die Aufgaben im Projekt noch Spaß oder möchten Sie etwas Neues lernen?
3.	Erlauben Sie sich, kurz zu träumen: In welchem Projekt möchten Sie in den nächsten fünf Jahren mitarbeiten bzw. was für ein Projekt möchten Sie dann leiten?
4.	Welches Know-how, welche Qualifikationen fehlen Ihnen, um dieses Ziel zu erreichen?
5.	Können Sie dieses Wissen und die Qualifikationen bei Ihrem aktuellen Projekt erwerben? Wenn ja: Was müssen Sie dafür tun?
6.	Wenn nicht: Sind Sie bereit, in entsprechende Weiterbildungen zu investieren?
7.	Welche Qualifikationen haben Sie bereits, die intern nicht wahrgenommen werden?
8.	Welche Berufs-/Projektmanagement-Erfahrung fehlt Ihnen für die nächsten entscheidenden Schritte?
9.	Was müssen Sie tun, um diese Erfahrungen zu sammeln?
10.	Welche Möglichkeiten bietet Ihnen dazu der aktuelle Arbeitgeber?

Erstellen Sie auf Basis Ihrer Antworten Ihren persönlichen Karriereplan:

- Welche Schritte werden Sie in den kommenden Monaten unternehmen, um Ihr Wissen weiter auszubauen und das vorhandene Know-how optimal zu nutzen?

- Welche Unterstützer können Sie dafür aktivieren?

- Von wem ist Widerstand zu erwarten – und wie gehen Sie damit am besten um?

Bevor Sie starten, sollten Sie sich eines bewusst machen: Jeder berufliche Fortschritt ist mit mehr Aufwand und damit auch mit einer höheren Belastung verbunden. Dabei kann Stress durchaus positiv wirken – aber nur, wenn wir die Herausforderungen selbst als positiv und bereichernd wahrnehmen. Werten wir die zusätzlichen Aufgaben allerdings überwiegend als Belastung, gerät unsere Balance aus dem Gleichgewicht. Achten Sie deshalb bei Ihrer Karriereplanung darauf, dass Sie sich nicht zu viel vornehmen. Prüfen Sie zudem immer wieder, wie resilient Sie sind, z. B. mit dem Test aus Kapitel »Die Survival-Strategie: Resilienz«.

Projektmanagement: nicht nur für Projektleiter

Auf dem Weg zum nächsten Karriereschritt warten zunächst einmal neue Projekte auf Sie. Mit jedem davon kommen Sie Ihrem Ziel einen Schritt näher. Denn je erfolgreicher ein Projekt dank Ihrer Mithilfe abgeschlossen werden kann, umso eher wird man Ihr Engagement und Ihr Wissen wahrnehmen. Ist Ihr Vorgesetzter auf Ihre Leistung aufmerksam geworden, stehen die Chancen für eine Förderung gut. Darüber hinaus profitieren Sie, indem Sie das Gelernte auf andere Situationen übertragen können.

Zunächst heißt es jedoch anpacken und dabei den Überblick nicht zu verlieren. Das ist nicht leicht, vor allem, wenn Sie viele Aufgaben, Projekte und Teilprojekte Sie auf dem Tisch haben.

Am sinnvollsten ist es deshalb, systematisch vorzugehen und alle Aufgaben und Pakete im Blick zu behalten. Nur so können Sie gewährleisten, dass Sie die Ihnen gestellten Projektaufträge und Arbeitspakete mit den zur Verfügung gestellten Mitteln und im Zeitrahmen bewältigen können.

Nützliche PM-Tools für Projektmitarbeiter

Was muss bis wann erledigt werden? Welche Voraussetzungen fehlen dazu noch? Wann müssen diese vorliegen? Um diese und viele weitere Fragen in der täglichen Hektik nicht aus den Augen zu verlieren, helfen Ihnen bewährte Instrumente des Projektmanagements, wie z. B. die Auftragsklärung, die Zielformulierung oder auch die Projektstruktur. Viele dieser Instrumente wurden dazu entwickelt, das Projekt als Ganzes zu managen und zu steuern. Sie unterstützen aber auch dabei, einzelne Arbeitspakete im Griff zu behalten – und sind damit auch dazu geeignet, Ihnen bei der Zielerreichung zu helfen.

Mit den folgenden Instrumenten behalten Sie die Fäden in der Hand.

- **Zielplanung:** Auch für Arbeitspakete gilt die Regel, dass wir nur diejenigen Ziele erreichen können, die wir auch kennen. Je konkreter und eindeutiger das Ziel formuliert ist, umso besser werden Sie es erreichen können.

- **Zielüberwachung:** Dabei handelt es sich um ein klassisches Instrument der Projektsteuerung. Allerdings ist es auch bei den Arbeitspaketen notwendig, den Fortschritt ebenso wie eventuelle Abweichungen im Blick zu behalten, um bei Bedarf entsprechend reagieren zu können.

- **Projektstrukturplan:** Dieser Plan ist das Hauptinstrument für die Projektplanung. Für Sie ist er wichtig, um Ihre Arbeitspakete im Zusammenhang und in den Abhängigkeiten von anderen Aufgaben und Paketen zu sehen.

- **Arbeitspakete:** Arbeitspakete sind die kleinsten Einheiten bzw. die unterste Ebene eines Projektstrukturplans.

  Sie sind in sich geschlossene Einheiten mit mehreren Einzelaufgaben, die möglichst wenige Schnittstellen zu anderen Arbeitspaketen haben. Arbeitspakete haben in der Regel zwischen 15 und 150 Personentage.

- **Balkendiagramm Zeitplan:** Bei der Projektplanung und -steuerung werden Arbeitspakete in ihrer zeitlichen Reihenfolge als Balkendiagramm abgebildet. Abweichungen werden im Plan festgehalten, so dass sie visuell erfasst werden können. Bei Arbeitspaketen wird dieses Prinzip einfach auf die Einzelaufgaben heruntergebrochen.

- **Meilensteine:** Darunter versteht man definierte Ergebnisse, die im Lauf des Projektes erreicht werden sollen. Die Termine sind meist grob vorgeplant. Das hilft dabei, den Faktor Zeit im Blick zu halten und bei Bedarf zu agieren.

- **Netzplan:** Dieser Plan visualisiert das zeitliche Nach- und Nebeneinander der Teilprojektaufgaben. Beliebt, weil einfach und übersichtlich, ist der **Projektablaufplan.**

- **Risikoanalyse:** Sie ist auch für Teilprojekte und Arbeitspakete wichtig, wenngleich sie dann nicht so umfangreich stattfindet wie beim Gesamtprojekt. Dennoch sollten Sie im Blick haben, welche Ereignisse eintreten und wie sie sich auf das Projekt auswirken könnten.

- **Puffer und Kritischer Pfad:** Auch in Arbeitspaketen lassen sich immer wieder Tätigkeiten parallel ausführen. Die so gewonnene Zeit lässt sich als Puffer nutzen. Aber auch ohne parallele Tätigkeiten sollten Sie immer einen zeitlichen Puffer einplanen – quasi als Bestandteil des Risikomanagements. Besondere Aufmerksamkeit verdient dabei der sog. Kritische Pfad. Dabei handelt es sich um den längsten Weg des Netzplans – also diejenige Aufgabenkette, für die am meisten Zeit benötigt wird. Verschiebt sich auf diesem Weg eine Aufgabe, verzögern sich alle weiteren Aufgaben dieses Pfades.

Nutzen Sie diese Arbeitshilfen, um Ihre Aufgaben im Blick zu behalten. Das gilt vor allem dann, wenn Sie in mehrere Projekte involviert und zudem noch mit weiteren Aufgaben betraut sind. Ohne eine entsprechende Zeitplanung, die auch Ihre vorhandenen Kapazitäten berücksichtigt, sind jedes Projekt, jede Aufgabe von vornherein zum Scheitern verurteilt.

Gleichzeitig sind Instrumente wie der Projektablaufplan oder der Kritische Pfad Frühwarnsysteme: Sobald Sie Abweichungen vom Plan feststellen, können und sollten Sie analysieren, wie und warum es zu dieser Abweichung kommt und was dies für das Projekt insgesamt bedeutet. Stellen Sie fest, dass aufgrund äußerer Einflüsse der Terminplan nicht zu halten ist, sollten Sie umgehend Rücksprache mit dem Projektleiter halten. Nur so lassen sich zeitnah und unkompliziert Lösungen suchen und finden. Alleingänge oder fehlende Kommunikation können die Situation dagegen verschärfen.

Ganz gleich, wie gut ein Projekt geplant und vorbereitet wurde: Es wird immer Abweichungen vom Projektplan geben. Gleiches gilt für die einzelnen Arbeitspakete, die genauso von zahlreichen inneren und externen Faktoren abhängen. Hier gilt es abzuwägen: Können sich Abweichungen auf die Zielerreichung auswirken, sollten Sie möglichst bald das Gespräch mit dem Projektleiter suchen. Sind die Abweichungen unkritisch, reicht die Berichterstattung im Rahmen der geplanten Meetings aus. So oder so: Lassen Sie sich nicht von Abweichungen verunsichern. Versuchen Sie die Ursache zu ermitteln und gegenzusteuern.

Typische Fehler im Projektmanagement

Im Projektmanagement kommt es immer wieder zu den immer gleichen Fehlern – und dies völlig unabhängig davon, in wie viele Projekte das Team schon involviert war. Denn irgendetwas ist immer anders, stellt uns vor neue Herausforderungen und kann uns damit ins Schlittern bringen.

Die folgende Übersicht hilft Ihnen dabei, sich der potenziellen Fehler bewusst zu werden und im Falle eines Falles schnell zu handeln.

Die häufigsten Fehler im Projektmanagement	
Fehlende Qualifikationen	Gehen Sie offen mit Ihren Qualifikationen um. Sprechen Sie darüber, wenn Sie sich Kompetenzen aneignen müssen, um einer Aufgabe gerecht zu werden.
Fehlende Erfahrung als Projektleiter	Sie sollen ein Projekt leiten, Ihnen fehlt aber die Erfahrung? Holen Sie sich Unterstützung durch einen internen oder externen Coach bzw. Mentor.
Fehlende Methoden und Standards	Verständigen Sie sich mit Ihrem Team und den Stakeholdern auf PM-Methoden und -Standards, um das Projekt zu gestalten, zu dokumentieren und zu steuern.
Zu viele Prozesse	Aufgaben, Ziele und Prozesse sollten im Gleichgewicht sein. Wer zu viel Energie auf Prozesse legt, ist unflexibel und verliert die eigentliche Aufgabe aus den Augen.
Fehlende Berücksichtigung von Umfangsänderungen	Dokumentieren Sie alle Änderungen. Analysieren Sie, wie sie sich auf Zeit- und Budgetpläne auswirken und passen Sie die Pläne entsprechend an.
Fehlende Dokumentation	Dokumentieren Sie Fort- und Rückschritte penibel. Nur so können Sie Ressourcen managen und auf Änderungen flexibel reagieren.
Ignorieren von Problemen	Kein Problem löst sich von selbst. Im Gegenteil: Die meisten wachsen mit der Zeit, wenn sie ignoriert werden. Handeln Sie deshalb sofort. Holen Sie sich, wenn nötig, Hilfe.

Die häufigsten Fehler im Projektmanagement	
Zusammenhänge mit anderen Projekten nicht sehen	Projekte stehen nie für sich alleine. Entweder hängen sie mit anderen zusammen, oder aber sie sind eng mit der Unternehmensstrategie verflochten. Berücksichtigen Sie diese Zusammenhänge von Anfang an – so können Sie z. B. von anderen Projekten profitieren.
Murphys Gesetz nicht beachten	Denken Sie an Ihr Risikomanagement. Sie wissen doch: Alles, was schiefgehen kann, geht auch schief.

Selbstmanagement im Projekt

Zeit- und Maßnahmenpläne sind hilfreiche Instrumente, mit denen wir unsere Projektziele im Blick halten und typische Probleme im Projektmanagement vermeiden können. Gerade in hektischen Zeiten reichen diese Hilfsmittel alleine jedoch nicht aus. Dies gilt vor allem dann, wenn wir parallel in Projekten mit ähnlicher Priorität arbeiten oder wenn wir uns lieber anderen interessanteren Aufgaben widmen würden. In diesen Situationen gewinnt das Thema Selbstmanagement an Bedeutung. Dabei geht es um unser Zeitmanagement und unsere Arbeitsmethodik, aber auch um die Fragen, wie zielbewusst wir handeln, wie wir mit Stress umgehen und wie motiviert wir sind.

Optimieren Sie Ihr Zeitmanagement

Aufgrund der komplexen Aufgaben, die jeder von uns heute zu bearbeiten hat, gilt es, die vorhandene Zeit so optimal wie möglich zu nutzen. Dazu gehören übrigens auch Pausen, die miteingeplant werden, um sich zu regenerieren und den Kopf wieder freizubekommen. Um vom Tagesgeschehen nicht überrollt zu werden, haben sich folgende Zeitmanagement-Regeln bewährt.

Schritt für Schritt zu mehr Zeit
1. Setzen Sie sich Ziele: Was wollen Sie heute, diese Woche, diesen Monat erreichen?
2. Priorisieren Sie die Aufgaben: Was müssen, was sollten und was können Sie erreichen?
3. Splitten Sie Ihre Aufgaben in überschaubare Einheiten: Kleinere Aufgaben lassen sich nicht nur einfacher handhaben, sie lassen uns aufgrund ihrer Übersichtlichkeit auch entspannter arbeiten.
4. Reduzieren Sie Zeitfresser und meiden Sie Zeitdiebe: Dämmen Sie das Risiko, abgelenkt zu werden, so weit wie möglich ein.
5. Stellen Sie sich den Aufgaben: Auch, wenn es noch so verführerisch ist – wer lästige Aufgaben auf die lange Bank schiebt, läuft Gefahr, später darüber zu stolpern.
6. Sagen Sie Nein: Ein Nein ist völlig okay, und zwar vor allem dann, wenn Sie zusätzliche Aufgaben übernehmen sollen, die Ihren sowieso schon knappen Zeitplan durcheinanderbringen.
7. Konzentrieren Sie sich auf relevante Informationen: Trennen Sie klar zwischen Wichtigem und Unwichtigem. Das gilt vor allem dann, wenn es darum geht, auf Basis der Infos Entscheidungen zu treffen.
8. Planen Sie Ihre Zeit: Ob Sie Ihre Aufgaben auf Monats- oder Wochenbasis planen, hängt von Ihren Projekten ab. Wichtig ist jedoch, sich jeden Morgen bewusst zu machen, was wann im Laufe des Tages geschehen und erreicht werden soll.
9. Gönnen Sie sich Ruhephasen – auch in hektischen Zeiten: Sie brauchen Auszeiten, um auf Dauer leistungsfähig zu bleiben.

Schritt für Schritt zu mehr Zeit

10. Delegieren Sie: Auch, wenn Sie für ein Arbeitspaket verantwortlich sind, müssen Sie nicht alle damit verbundenen Aufgaben persönlich übernehmen. Überlegen Sie, ob Sie Teilaufgaben delegieren können. So gewinnen Sie mehr Freiraum für die wesentlichen Aufgaben.

BEISPIEL

Alexandra hat sich auf das neue Projekt gefreut, auch wenn sie mit den bisherigen Aufgaben bereits mehr als ausgelastet war. Aber die Digitalisierung der neuen Haushaltsgeräte-Serie war etwas, von dem sie sich für ihre Karriere einen Kick erhoffte. Schließlich ist das Thema eines der wichtigsten Zukunftstreiber. Dementsprechend engagiert stürzte sich Alexandra in die neuen Aufgaben. Sie recherchierte, erstellte Zeitpläne für ihr Arbeitspaket und definierte ihre eigenen Meilensteine. Alles sah gut und entspannt aus – bis ein weiteres Projekt hinzukam. Um allen Aufgaben gerecht zu werden, verzichtete Alexandra auf die Mittagspausen und arbeitete abends länger. Sie nahm Arbeit mit nach Hause und saß immer öfter samstags und sonntags am Rechner. Nach einigen Wochen fühlte sie sich müde und schlapp. Die Grippe-Viren, gegen die sie sonst so resistent war, hatten leichtes Spiel mit ihr. Sie wurde krank und fiel zwei Wochen aus.

Wieder zurück im Büro beschloss sie, künftig alles anders zu machen. Sie stellte ihren Zeitplan neu auf. Dabei legte sie nun auch mehr Wert auf die Tagesplanung. Jeden Morgen machte sie sich dazu eine Übersicht mit den Dingen, die anstanden. Und hakte jedes To-do ab, sobald es erledigt war. Zusätzliche Aufgaben lehnte sie stets freundlich mit dem Hinweis auf die noch anstehenden Aufgaben ab. Das überzeugte schneller als lange Diskussionen. Langsam gewann sie so wieder das Gefühl, täglich etwas zu erreichen. Die Motivation kehrte zurück, sie konnte sich wieder besser konzentrieren. Auch die Mittagspausen hielt sie wieder ein. Am Wochenende machte sie wieder Sport, so dass die nächste Grippewelle an ihr vorüberging.

Lassen Sie sich nicht von der Arbeit auffressen

So wie Alexandra aus dem Beispiel geht es vielen. Sie lassen sich von der Arbeit auffressen. Sie müssen erst krank werden, um einzusehen, dass die Situation sie überfordert. Das zeigen auch die Statistiken: Stresserkrankungen nehmen immer mehr zu. Wer das für sich selbst vermeiden will, sollte sich und vor allem seine individuelle Resilienz in den Fokus rücken.

Fragen Sie sich deshalb hin und wieder:

- Lasse ich mich schnell aus der Bahn werfen?

- Verfolge ich Pläne nur mühsam?

- Erreiche ich die Ziele, die ich mir gesetzt habe, nur mit großer Anstrengung?

- Betrachte ich Probleme und Fragestellungen nur noch einseitig und nicht mehr aus unterschiedlichen Perspektiven?

- Bin ich mit mir und meinen Leistungen unzufrieden?

- Fühle ich mich schlapp, lustlos oder überfordert?

- Nehme ich die Probleme aus dem Büro mit nach Hause? Lassen sie mich nachts schlecht schlafen?

- Stelle ich mir oft Sinnfragen?

Wenn Sie mehrere Fragen mit Ja beantworten, sollten Sie nachdenklich werden: Natürlich gibt es gerade bei Projekten immer wieder heiße Phasen, in denen Überstunden eher die Regel als die Ausnahme sind. Trotzdem sollte jeder daran denken, dass zu großer Arbeitseifer nicht nur für die eigene Gesundheit schädlich ist, sondern im Zweifel auch das komplette Projekt gefährden kann. Nicht zuletzt deshalb ist es sinnvoll, sich rechtzeitig Unterstützung zu suchen und Aufgaben zu delegieren. Es entlastet uns nicht nur zeitlich, wenn wir Aufgaben an andere übertragen. Es hilft uns auch dabei, uns auf die Dinge zu konzentrieren, die wir am besten können – während wir Aufgaben, die uns weniger gut liegen, an andere weitergeben. Eine Aufgabe zu delegieren, kann also durchaus doppelt zum Projekterfolg beitragen.

Sollte dies nicht möglich sein oder das Delegieren von Aufgaben nicht den gewünschten Effekt bringen, geht es darum, die eigene Widerstandskraft zu stärken, um sich gegen die Belastungen zu wappnen. Auch hier gibt es Unterstützung, die eingefordert werden kann. Hilfe kann von einem Coach kommen. Einige Unternehmen beschäftigen mittlerweile auch interne Resilienzberater. Sie begleiten die Mitarbeiter und unterstützen sie dabei, die eigene Resilienz zu stärken und Warnzeichen frühzeitig zu erkennen.

Gestalten und planen Sie Ihren Arbeitsalltag ganz bewusst

Zeitmanagement ist aber nur eine Säule des Selbstmanagements – wenn auch eine wichtige. Letztendlich geht es aber darum, dass wir unseren Arbeitsalltag bewusst gestalten. Dementsprechend zählen zum Selbstmanagement auch die Planung und Organisation, die Motivation und die Zielsetzung. Projektpläne alleine helfen dabei nicht. Vielmehr sollten Sie sich jeden

Morgen einen Überblick darüber verschaffen, welche Aufgaben anstehen und diese entsprechend planen. Bewährt hat sich dabei die Einteilung in

- wichtige Aufgaben, die sofort zu erledigen sind,
- weniger wichtige Aufgaben, die etwas später erledigt werden oder delegiert werden können, und
- unwichtige Aufgaben, die delegiert werden können.

Gerade bei kleineren Aufgaben neigen wir dazu, sie lieber selbst zu erledigen, statt sie zu delegieren. Wir denken: »In der Zeit, die ich für das Erklären brauche, habe ich die Sache schon längst selbst erledigt.« Wir übersehen dabei jedoch wichtige Vorteile des Delegierens: Sie haben Zeit für die wirklich wichtigen Dinge. Auch wird der Aufwand des Delegierens immer geringer und Sie werden immer mehr entlastet. Schließlich wachsen auch Ihre Kollegen mit den Aufgaben.

Planen Sie für die verbleibenden Aufgaben genügend Zeit ein und achten Sie auf Pufferzeiten – jeder Tag bringt mindestens eine Überraschung mit sich. Ist ein Puffer allerdings nicht möglich, sollten Sie sich dessen ebenfalls bewusst sein: Gehen Sie diszipliniert und ohne unnötige Ablenkung durch den Tag. Lehnen Sie zusätzliche Aufgaben konsequent und begründet ab – auch wenn es sich um Dinge handelt, die »nur mal schnell« oder »ganz nebenbei« gemacht werden sollen. Auch solche Aufgaben erfordern Ihre ganze Aufmerksamkeit und bringen Sie aus dem Takt.

Sagen Sie Nein – Schritt für Schritt zu selbstbestimmterem Arbeiten	
1.	Jammern und Wehklagen hilft nicht. Weisen Sie freundlich, aber sachlich darauf hin, dass Sie für die Zusatzaufgabe keine Kapazitäten frei haben.
2.	Ihr Chef will kein Nein akzeptieren? Benennen Sie konkrete Gründe, so z. B. wichtige Abgabetermine. Argumentieren Sie bei Bedarf mit den Folgen der Nichteinhaltung – seien es Konventionalstrafen oder Verzögerungen im Projekt.
3.	Sie haben Ihr Aufgabenportfolio im Blick – Ihr Chef und Ihre Kollegen nicht. Verweisen Sie darauf, dass Ihr Tag, Ihre Woche durchgetaktet ist. Hüten Sie sich jedoch vor übertriebener Rechtfertigung.
4.	Treten Sie selbstbewusst auf. Es geht um Ihre Arbeitszeit und Ihre Kompetenz, aber auch darum, dass Sie Ihre Ziele erreichen wollen – und müssen.
5.	Ihnen wird einfach Arbeit auf den Tisch gelegt, ohne dass Sie sich dazu äußern können? Legen Sie dem Kollegen die Unterlagen mit einer knappen Antwort zurück auf seinen Schreibtisch. Kommt die Aufgabe direkt von Ihrem Vorgesetzten, bitten Sie um Verständnis, dass Sie diese Aufgabe nicht übernehmen können.

Wenn Sie sich überfordert fühlen

Trotz guter Planung und Disziplin kann es immer wieder dazu kommen, dass wir überfordert sind und unsere Aufgaben nicht mehr in der von uns gewünschten bzw. der von uns geforderten Qualität ausführen können. In solchen Situationen ist es wichtig, sich der Überforderung bewusst zu werden – ganz gleich, ob wir der Aufgabe fachlich nicht gewachsen sind oder aber die gewünschte Leistung aus zeitlichen Gründen einfach nicht schaffen können. Dieser Schritt ist oft schmerzlich, wird die

Überforderung doch gerne mit dem eigenen Versagen gleichgesetzt. Schließlich schaffen andere ihr Pensum doch auch – neben dem Sport, der Familie und vielem mehr.

Lösen Sie sich von diesen Selbstzweifeln. Jeder von uns war schon einmal in einer ähnlichen Situation oder wird zumindest einmal in eine solche Zwickmühle geraten. Wichtig ist es nun, einen Weg hinaus zu finden. Das müssen Sie nicht alleine schaffen – mögliche Sparringspartner sind der Projektleiter und Ihr Vorgesetzter. Allerdings sollten Sie nie unvorbereitet in ein Gespräch gehen, in dem Sie um Unterstützung bitten. Nehmen Sie sich die Zeit, Ihre individuelle Situation zunächst zu analysieren und den Ursachen für Ihre Überforderung auf den Grund zu gehen. Die folgende Checkliste wird Ihnen dabei helfen.

	Checkliste: So finden Sie die Ursache für Ihre Überforderung
1.	Machen Sie sich bewusst, ob es sich um eine fachliche oder eine zeitliche Überforderung handelt oder um eine Kombination aus beidem.
2.	Notieren Sie sich, wann Sie die Überforderung zum ersten Mal gespürt haben. Gab es einen bestimmten Auslöser dafür oder handelte es sich eher um einen schleichenden Prozess?
3.	Versuchen Sie, die Überforderung so konkret wie möglich zu formulieren: »Ich kann die Aufgaben nicht erfüllen, weil ...« Achten Sie darauf, dass Sie alle Gründe benennen – sie sind die Grundlage zur Lösungsfindung.
4.	Begreifen Sie die Ursachen als Herausforderungen: Welche davon können Sie alleine meistern, bei welchen brauchen Sie Hilfe? Welche Voraussetzungen müssen geschaffen werden, damit Sie die Herausforderungen bewältigen?

Checkliste: So finden Sie die Ursache für Ihre Überforderung
5. Entwickeln Sie auf Basis dieser Antworten einen Gesprächsleitfaden für sich. Dieser sollte folgende Aspekte berücksichtigen: ▪ klare Beschreibung der fachlichen und/oder zeitlichen Überforderung, ▪ eine sachliche Begründung der Überforderung, ▪ kurze Zusammenfassung, was passiert, wenn die Situation unverändert bleibt – legen Sie dabei den Fokus auf das Projekt und die Folgen für das Unternehmen, ▪ einen ersten Lösungsansatz: Wie können diese Überforderungen verhindert werden? An wen können Sie delegieren oder Aufgaben/Projekte abgeben? Welche Weiterbildungen oder Materialien helfen Ihnen fachlich weiter? ▪ klare Benennung der Bereiche, in denen Sie Hilfe bzw. Unterstützung von Ihrem Vorgesetzten brauchen.

Haben Sie die Ursachen der Überforderung erst einmal für sich geklärt, können Sie nicht nur für Abhilfe sorgen – Sie haben dann auch eine bessere Verhandlungsposition. Pauschalisierungen, wie z. B.: »Das schaffen Sie schon«, oder: »Dann kümmern Sie sich eben schnell um die fehlende Qualifikation«, bzw.: »Ich habe dafür aber keinen anderen«, können Sie so gezielt kontern. Gleichzeitig zeigen Sie Ihr Verantwortungsbewusstsein. Denn statt einfach alles weiterlaufen zu lassen und damit das Projekt zu gefährden, bitten Sie rechtzeitig um Unterstützung.

Besinnen Sie sich auf Ihre Stärken

Häufig genug fühlen wir uns mit Aufgaben unwohl, die einfach nicht unserem Naturell entsprechen. Während die einen absolute Zahlenmenschen sind, haben andere eher kommunikative Stärken. Natürlich sollte man – auch im eigenen Interesse – darauf achten, alle Bereiche zumindest grob abdecken zu können. Auf Dauer gegen den eigenen Charakter zu arbeiten, kann jedoch zu Frustration und damit zu negativem Stress führen und sogar krank machen. Auch ein Projektleiter hat nichts von einem frustrierten und dementsprechend unmotivierten Mitarbeiter. Viel sinnvoller ist es daher, die vorhandenen Stärken gezielt für das Projekt einzusetzen – sofern sie uns bewusst sind.

Typenbasierte Stärken

Sehr grob lassen sich für die Stärkenermittlung vier Charaktere unterscheiden, die in fast jedem Projektteam auftauchen. Welcher Typ sind Sie?

- **Der Analytiker:** Er ist durch und durch ein Zahlenmensch. Seinen Entscheidungen legt er fundierte Erkenntnisse zugrunde. Dazu greift er auf Fakten und Dokumente zurück, aber auch auf seine Erfahrungen in anderen Projekten. Alles wird erst genau durchdacht und analysiert. Deshalb dauert es häufig auch so lange, bis er mit der eigentlichen Aufgabe beginnt. Dafür gibt es dann später auch weniger Überraschungen.

  Seine Stärken: Das Projektteam profitiert von seinen analytischen Fähigkeiten und der Art, Probleme von allen Seiten zu durchleuchten. Damit schafft er auch bei komplexen Aufgaben eine fundierte Entscheidungsgrundlage und die Basis für zuverlässige Risikoabwägungen.

- **Der Pragmatiker:** Lösungsorientierte Menschen wie er schauen nach vorn. Negative Erfahrungen oder Enttäuschungen blenden sie dabei aus. Stattdessen konzentrieren sie sich auf die aktuelle Aufgabe. Sie sind kreativ und haben oft sehr schnell eine Idee, wie ein Problem gelöst werden kann. Die Frage, wie die Lösung umgesetzt werden kann, wird erst später betrachtet.

  Seine Stärken: Projektteams profitieren von diesem Pragmatismus auf vielfältige Weise. So handelt der Pragmatiker schnell, aber nicht unüberlegt. Schwierigkeiten werden wahrgenommen, aber nicht als bedrohlich empfunden. Dank seiner unkomplizierten Herangehensweise findet er häufig neue Wege, auf die andere nicht kommen.

- **Der Kritiker:** Er hat einen Blick dafür, was schiefgehen kann – und weist das Team unbeirrt darauf hin, auch wenn ihm das den Ruf des Nörglers einbringt. Dies nimmt er jedoch in Kauf, weil er ansonsten das Projekt gefährdet sehen würde. Und so spricht er auch unangenehme Dinge aus, die andere nicht äußern würden. Entweder, weil sie sie als nicht so wichtig einstufen, oder weil sie nicht der Überbringer der schlechten Nachricht sein wollen.

  Seine Stärken: Der Kritiker legt seinen Finger auf die wunden Stellen des Projekts. Das ist zwar für die anderen anstrengend, aber auch hilfreich, um bei aller Projekteuphorie nicht den Blick für die Risiken zu verlieren.

- **Der Aktive:** Handeln ist seine Stärke – Abwarten, Abwägen und Analysieren eher weniger. Hat er nichts zu tun, wird er ungeduldig. Ruhige Phasen und Routine sind deshalb nicht seins. Dafür ist er risikobereiter als der Kritiker oder der Analyst. Entscheidungen trifft er schnell, zum Teil auch aus dem Bauch heraus.

Seine Stärken: Projektteams profitieren von seiner mitreißenden Art, die Dinge anzupacken, und dem Mut, den er dabei zeigt. Denn der Aktive ist bereit, Fehler zu begehen und daraus zu lernen.

Ganz gleich, ob Sie eher pragmatisch sind oder mit Ihrem scharfen Verstand Situationen schnell durchschauen und analysieren: Ein gut funktionierendes Team braucht sowohl den analytischen als auch den pragmatischen Charakter, den Kritiker ebenso wie den Aktiven, der Bedenken scheinbar mühelos wegwischt. Nur wenn alle diese Perspektiven zusammenfinden, wird eine gute Lösung für die Projektaufgabe gefunden werden.

BEISPIEL

Nachdem die neuen Automobil-Modelle über zahlreiche Assistenzsysteme verfügen, will der Automotive-Hersteller nun einen Schritt weitergehen und sein erstes autonomes Fahrzeug auf den Markt bringen. Die Schwierigkeit: Nicht alles, was technisch machbar ist, ist heute bereits erlaubt. Niemand weiß derzeit, wie sich die rechtliche Lage entwickeln wird. Die Technik ist hier mal wieder schneller als die Gesellschaft, die Versicherungen und die Behörden. Um auf Nummer sicher zu gehen, hat Projektleiter Robert deshalb vor allem kritische Köpfe in sein Projektteam genommen: Experten in ihren Bereichen, die mit Vorliebe Probleme und Schwierigkeiten vorhersehen. Damit sind sie ganz anders als er, der selbst gerne auf sein Bauchgefühl hört und einfach mal macht. Genau davor aber hatte ihn sein Chef bei diesem Projekt gewarnt. Schließlich schläft die Konkurrenz nicht, sondern hat – trotz unsicherer Rahmenbedingungen –Modelle bereits fast bis zur Marktreife gebracht. Tatsächlich konzentrierte sich das Team schnell auf alle möglichen Widrigkeiten – und dies aus allen relevanten Perspektiven heraus. Eine Bedenkenarie folgte der nächsten. Niemand war in der Lage, die Bedenken zu widerlegen oder auch nur ihr Gewicht zu reduzieren. Sogar Robert, der Macher, ließ sich anstecken und wollte seinem Chef schon empfehlen, dem Wettbewerb den Vortritt zu lassen. Sollten doch die anderen das Geld verbrennen und Modelle entwickeln, die nicht zur Marktreife gebracht werden können – weil die Gesetzgebung dann doch etwas ganz anderes vorsehen würde. Als er beim Mittagessen in der Kantine mit einem Kollegen darüber sprach, lachte der nur und meinte: »Ihr seht vor lauter Wald den Bäumen nicht mehr.« Innerhalb weniger Minuten skizzierte er pragmatisch einen Lösungsweg für das Team. Begeistert von der Idee, bat Roland ihn, bei seinem Projekt mitzuwirken. Endlich gab es ein Gegengewicht zu den Kritikern. Gemeinsam konnte man nun für eine realistische Sichtweise sorgen. Innerhalb weniger Tage waren so die Herausforderungen, aber auch die möglichen Lösungsansätze formuliert.

Wie überall im Leben, gibt es natürlich nicht den Kritiker und den Analysten in Reinform. Jeder von uns trägt Elemente jedes dieser Charaktere in sich – wenn auch in unterschiedlicher Ausprägung. Dies macht es uns nicht immer leicht, herauszufinden, wie wir gestrickt sind und welche Aufgaben für uns optimal sind.

Weitere Hinweise zu Ihrer Persönlichkeit und den Rollen, die Sie am besten im Projektteam ausüben, finden Sie im Kapitel »Die Team-Zusammenstellung«.

Alles eine Frage des Ehrgeizes?

Auch unser beruflicher Ehrgeiz spielt eine wichtige Rolle bei der Frage, ob wir ein starker Partner im Team sein können. Derjenige, dem die eigene Karriere wichtiger als das Projekt ist, ist für die anderen Teammitglieder kein sehr verlässlicher Sparringspartner. Er geht, wenn es ihm persönlich nutzt, quasi über Leichen und stellt seine Interessen über die des Projekts. Aber auch derjenige, der wegen seines Ehrgeizes, dass das Projekt ein voller Erfolg wird, seine persönlichen Bedürfnisse völlig vernachlässigt, hilft dem Projekt auf Dauer nicht: Er brennt aus und wird früher oder später krank. Nicht zuletzt bringt auch derjenige das Team und auch sich selbst in Schwierigkeiten, der gar keinen Ehrgeiz hat.

Deshalb sollten wir immer wieder einmal innehalten und uns die Frage stellen, ob wir einen gesunden beruflichen Ehrgeiz verfolgen oder ob wir nicht vielleicht etwas über das Ziel hinausschießen bzw. zu wenig Ehrgeiz an den Tag legen. Antworten darauf gibt folgender kurzer Test.

Test: Wie ehrgeizig sind Sie?
Bitte wählen Sie jeweils die zutreffende Antwort aus.

1. Sie sind mitten im Projektmeeting, als sich Ihr Handy bemerkbar macht. Auf dem Display erscheint die Telefonnummer eines Freundes. Und nun?

a) Private Telefonate sind tabu. Deshalb habe ich mein Handy auf lautlos gestellt. Nach Feierabend rufe ich gerne zurück.

b) Oh, vielleicht braucht er Hilfe. Ich entschuldige mich mit einem verlegenen Lächeln und verlasse das Meeting.

c) Ich nehme das Gespräch an und sage ihm, dass ich gleich in Ruhe zurückrufe.

d) Ich führe das Telefonat im Meeting. Ein kurzes Hallo und die Klärung der wichtigsten Fragen kann niemanden stören – dafür gibt es ja schließlich Handys.

2. Es ist wie ein Wunder: An diesem Nachmittag jagt mal kein Termin den nächsten. Endlich haben Sie etwas Zeit. Was fangen Sie mit ihr an?

a) Ich atme auf und konzentriere mich auf die Aufgaben, für die ich Ruhe brauche. Davon gibt es ja schließlich genug.

b) Zeit fürs Networking: Gemeinsam mit ein paar Kollegen treffe ich mich auf einen Kaffee, lasse mir das Neueste berichten und arbeite dann entspannt weiter.

c) Keine Termine? Bevor bei anderen ein falscher Eindruck entsteht, nehme ich an Meetings teil, die für mich unwichtig sind.

d) Endlich mal die Chance auf einen frühen Feierabend!

3. Montag früh, 8.30 Uhr. Wie beginnen Sie Ihren Arbeitstag?

a) Ich bereite mich seit einer halben Stunde auf den Jour fixe vor.

b) Nach dem Wochenende schau ich erst einmal in der Teeküche vorbei. Mal schauen, wen man dort trifft.

c) Mit Arbeit, wie auch sonst? Anders bekomme ich meine Aufgaben nicht in den Griff.

d) Mal so, mal so – ganz nach Lust und Laune habe ich die ersten Aufgaben bereits erledigt oder ich bin gerade noch auf dem Weg ins Büro.

4. Zeit für das erste Meeting. Thema ist der aktuelle Projektstatus. Der Firmeninhaber will ein aktuelles Update. Sind Sie mit dabei?

a) Das kommt ganz darauf an, wie mein Status quo gerade aussieht.

b) Selbstverständlich, warum sollte ich bei ihm eine Ausnahme machen?

c) Ja, auch wenn ich bestimmt unruhiger sein werde als bei anderen Meetings.

d) Aber klar doch! Das ist doch eine prima Möglichkeit, mein Wissen unter Beweis zu stellen.

5. Ihr Vorgesetzter kritisiert einen Kollegen öffentlich im Meeting – und dies auch noch zu Unrecht. Wie reagieren Sie?

a) Der Chef wird schon irgendwie Recht haben. Ich stimme deswegen in die Kritik ein.

b) Der Kollege tut mir leid. Aber ich mag nicht selbst in die Schusslinie geraten und schweige deshalb.

c) Auch wenn es Ärger geben sollte, ergreife ich das Wort für meinen Kollegen. Schließlich irrt sich der Chef gerade gewaltig.

d) War etwas? Ich war wohl abgelenkt, als das passiert ist.

6. Ein neues Projekt steht an. Wie reagieren Sie?

a) Abwarten. Schließlich weiß der Projektleiter, wie gut ich bin.

b) Das klingt spannend – ich suche sofort das persönliche Gespräch mit dem Projektleiter, um ihn von meinen Qualifikationen zu überzeugen.

c) Kommt darauf an, wer noch mitmacht. Wenn alle aus der alten Crew mit dabei sind, spricht nichts dagegen.

d) Noch mehr Arbeit? Nein danke! Das sollen andere machen.

Auswertung:

Zählen Sie zusammen, wie häufig Sie jeweils mit a, b, c oder d geantwortet haben, und tragen Sie die Summen in die folgende Tabelle ein.

A	
B	
C	
D	

Welcher Buchstabe überwiegt? Lesen Sie beim entsprechenden Buchstaben nach, wie es um Ihren Ehrgeiz steht.

- A: Sie sind ehrgeizig. Dies zeigt sich auch in Ihrem Verhalten im Projektteam. Sie verstehen sich gut mit denjenigen, die Sie weiterbringen, und übernehmen gerne Aufgaben, mit denen Sie Eindruck machen. Verlieren Sie dabei jedoch nicht das gemeinsame Ziel aus den Augen, sonst werden Sie schnell abgehängt.

- B: Sie setzen sich gerne ins rechte Licht. Dazu gehört auch, dass Sie Ihr Verhalten an Dingen und Personen ausrichten, die Sie weiterbringen. Fehler und Nachlässigkeiten werden unter den Tisch gekehrt, Erfolge umso mehr betont. Kommt diese Schieflage ans Licht, haben Sie das Nachsehen.

- C: Sie sind sehr teamorientiert. Alleingänge sind nicht Ihre Sache. Für den Projektalltag kann dies wertvoll sein. Es kann sich aber auch zum Hindernis für Ihre Karriere entwickeln, wenn Sie Rücksichtnahme höher bewerten als Ihr eigenes Fortkommen.

- D: Sie arbeiten, um zu leben. Dementsprechend steht für Sie die Karriere nicht im Fokus. Zeigen Sie etwas mehr Interesse, um im Team nicht unterzugehen, dann kommen auch die interessanteren Aufträge zu Ihnen.

Zusammen mit den Ergebnissen der TMS-Analyse wissen Sie nun, wie Sie am liebsten arbeiten und wie intensiv Sie Ihre Karriere verfolgen. Sind Sie mit dem Ergebnis zufrieden? Wenn nicht, liegt es an Ihnen, Ihr Verhalten zu ändern und die nächsten Karriereschritte zu planen!

Wie Sie Krisen überleben

Es ist passiert: Das Projekt ist komplett aus dem Ruder gelaufen. Der Projektleiter weiß nicht mehr weiter. Der Chef tobt. Das komplette Team ist in Krisenstimmung.

Die Ursachen für eine Krise sind so unterschiedlich wie die Projekte selbst. Sie kann externe Gründe haben, wie z. B. ein neues Gesetz, mit dem nicht gerechnet wurde, oder interne Ursachen, wie z. B. ein Konflikt im Projektteam oder der krankheitsbedingte Ausfall des Projektleiters.

BEISPIEL

Zum Millennium, also dem Wechsel vom Jahr 1999 auf das Jahr 2000, standen viele Unternehmen vor dem Problem, ihre Software auf die neuen Jahreszahlen anzupassen. Ein Software-Dienstleister bot genau diese Anpassung spezialisiert auf Banken an. Da man bereits von mehreren Banken beauftragt worden war, wurde als Projektleiter jemand mit entsprechender Branchenkenntnis und Erfahrung ausgesucht, der für all diese Projekte verantwortlich war. Man erhoffte sich davon Synergien, in der irrigen Annahme, dass sich die Aufgaben und Probleme bei den Banken glichen. Da die Banken jedoch alle mit eigener Software arbeiteten, ging diese Rechnung nicht auf. Als die Zeit bis zum Jahreswechsel immer knapper wurde, schob der Projektleiter einzelne Projekt immer weiter nach hinten. Getreu dem Motto: eins nach dem anderen. Trotzdem blieb er optimistisch. Denn einen Teil der Erfahrungen aus den anderen Projekten konnte er durchaus auf andere übertragen.

Dann passierte das, was nicht hätte passieren dürfen: Der Projektleiter wurde krank und fiel aus. Die Projekte drohten zu scheitern.

Sehr häufig kündigen sich Krisen an. Werden Frühindikatoren, wie z. B. ausbleibende Genehmigungen oder fehlende Dokumentationen, rechtzeitig wahrgenommen, kann die Zuspitzung der Krise verhindert werden. Dies setzt jedoch voraus, dass das Projektteam entsprechend sensibilisiert ist und dass im Rahmen des Risikomanagements die kritischen Faktoren identifiziert werden. Schwierig wird es zudem, wenn für sich genommen unkritische Probleme in Teilprojekten in Summe zu einem kritischen Problem werden. Dieses wird sich nur durch regelmäßige Kommunikation im Projekt frühzeitig erkennen lassen.

Auf diese Frühwarnzeichen sollten Sie achten
Sehr viele Krisen haben interne Ursachen, die relativ früh erkennbar sind. Typische Beispiele hierfür sind:

- **Unhaltbare Versprechen:** Um Auftraggeber nicht zu enttäuschen oder einem Konflikt aus dem Weg zu gehen, werden immer wieder Zusagen gemacht, obwohl von Anfang an klar ist, dass sie nicht eingehalten werden können. Hängen davon jedoch andere Teilprojekte und Arbeitspakete ab, kann dies schnell zu einer handfesten Krise führen.

- **Planungs- und Kalkulationsfehler:** Werden bei der Projektplanung und -kalkulation relevante Bestandteile und Positionen außer Acht gelassen, ist das Chaos vorprogrammiert.

- **Fehlendes Wissen:** Werden Projekte angenommen, für die die fachliche Kompetenz fehlt, können die gewünschten Projektziele qualitativ nicht erreicht werden.

- **Fehlende Personalressourcen:** Ganz gleich, worum es geht – Aufgaben erledigen sich nicht von selbst. Werden zu wenig Ressourcen eingeplant, können qualitative und quantitative Zusagen nicht eingehalten werden.

- **Unterschätzte Komplexität:** Je größer das Projekt, umso komplexer ist es meist auch. Leider wird dieser Aspekt sehr häufig unterschätzt.

- **Ungeklärte Ziele:** Die fehlende Klärung schafft falsche Voraussetzungen und kann zur Zielverfehlung führen. Wird der falsche Kurs früh festgestellt, kann noch gegensteuert werden.

- **Fehlende Kooperationsbereitschaft:** Unterstützen sich die Teammitglieder nicht gegenseitig bei Aufgaben und Problemen, ist eine Krise vorprogrammiert.

- **Unpünktlichkeit:** Werden Termine nicht mehr ernst genommen, weist dies auf mangelnde Identifikation mit dem Projekt und auf fehlende Motivation hin. Dies kann schnell dazu führen, dass Projektziele verfehlt werden.

- **Wachsende Intransparenz:** Fehlende Kommunikation kann verschiedene Ursachen haben – den Wunsch, nicht kontrolliert zu werden ebenso wie den inneren Rückzug oder das Verheddern in eigenen Aktivitäten.

Neben diesen Frühindikatoren, die mit dem Projektleiter bzw. dem Team in Zusammenhang stehen, gibt es Indikatoren für Krisen, bei denen Stakeholder eine Rolle spielen, so z. B.:

- **Fehlende Zeit beim Auftraggeber:** Trifft der Auftraggeber aus Zeitmangel wichtige Entscheidungen nicht oder viel zu spät, kann ein Zeitplan schnell außer Kontrolle geraten oder das Projekt einen falschen Weg einschlagen.

- **Rahmenbedingungen gehen vor Ergebnisse:** Geht es um politische Projekte, bei denen die Ergebnisse nicht entscheidend sind, werden die Rahmenbedingungen oft überbewertet. Dies führt zu einer Schieflage zwischen diesen zwei wichtigen Faktoren.

- **Personifizierung von Problemen:** Man beschränkt sich darauf, einen Schuldigen für Probleme zu finden. Diese Sichtweise lenkt von der Problemlösung ab – Fronten verhärten sich, ein Ausweg ist nicht in Sicht.

- **Schöngeredete Ergebnisse:** Schlechte oder unvollständige Ergebnisse werden absichtlich schöngeredet. Dies macht eine Lösung unmöglich – es gibt ja auch kein Problem.

Natürlich führen all diese Frühindikatoren nicht automatisch zu einer Krise. Sie sollten jedoch der Anlass für ein zügiges Gegensteuern sein. Dies gilt auch, wenn sie bei einzelnen Teilprojekten oder Arbeitspaketen auftreten. Denn gerade in komplexen Projekten kann die Kombination einzelner Indikatoren zu einer handfesten Krise führen. Je schneller diese erkannt wird, umso eher kann gehandelt werden.

Alarmstufe: Rot

Spätestens, wenn ein oder mehrere der folgenden Indikatoren auftreten, sollte schnellstens gehandelt werden. Sie sind die Anzeichen für eine höchstwahrscheinlich bald eintretende Krise – es gilt dann bereits die Alarmstufe Rot:

- Termine werden mehrfach nicht eingehalten, Meilensteine verfehlt.
- Das Budget wird signifikant überschritten.
- Die Projektlaufzeit wird mehrfach verlängert.
- Bei Teilprojekten herrscht Stillstand.
- Es gibt eine hohe Fluktuation im Team.
- Die Teammitglieder machen nur noch Dienst nach Vorschrift.
- Kundenbeschwerden häufen sich.
- Die Schuld wird beim Kunden gesucht – erkennbar z. B. durch Äußerungen wie: »Der Kunde versteht uns einfach nicht«, »Wenn der Kunde unserem Rat folgen würde, dann ...«

Wege aus der Krise

Ganz gleich, wie und warum es zu einer Krise gekommen ist: Jetzt ist Handeln gefragt. Denn nur dann hat man die Chance, das Ruder noch einmal herumzureißen und das Projekt doch noch erfolgreich abzuschließen.

Ob und wie es in solchen Situationen mit einem Projekt weitergeht, hängt dabei von verschiedenen Faktoren ab. Einige davon haben Sie in der Hand. Andere wiederum liegen nicht in Ihrer

Verantwortung und Sie haben darauf keinen Einfluss. Als Projektmitarbeiter sollten Sie jetzt vor allem drei Dinge tun:

- die Situation, so wie sie ist, akzeptieren,

- Ruhe bewahren und

- sich daran erinnern, dass es keinen perfekten Projektplan gibt.

Schritt für Schritt mit Plan
Vor allem die Akzeptanz der Situation ist ein erster wichtiger Schritt, um bei der Lösung der Krise zu helfen und nicht im Sturm unterzugehen. Denn wer jetzt einfach abtaucht und so tut, als wäre alles in Ordnung, gefährdet das gesamte Projekt – und dies sollte niemand wollen.

Stattdessen gilt es jetzt, klug und überlegt zu handeln. Dabei muss zunächst von allen Beteiligten die Krise als solche akzeptiert und den Tatsachen ins Auge geschaut werden. Dies klingt einfach, ist es aber nicht. Denn Krisen sind immer auch mit Emotionen wie Angst, Wut und Trauer verbunden. Bevor der Projektleiter nun Feuerwehr spielen kann, muss er diese Emotionen überwinden. Gleiches gilt für das Team – und damit für Sie. Denn in Krisensituationen sind alle gefragt. Konkret heißt das: Um das Ruder herumzureißen, braucht der Projektleiter Ihren Input. Dazu gehören aktuell gehaltene Projektpläne ebenso wie die Risikoszenarien für Ihr Arbeitspaket. Das Pflegen der Zeit- und Maßnahmenpläne ist also weit mehr als eine lästige Pflicht: In Krisensituationen ist ein gepflegter Plan Gold wert –

zeigt er doch den genauen Stand des (Teil-)Projektes. Genau diese Information ist wichtig, um eine Bestandsaufnahme für das gesamte Projekt zu machen:

- Wo stehen wir?
- Welche Ziele wurden erreicht?
- Welche werden in naher Zukunft erreicht?
- Was steht noch aus?
- Wie viele personelle und finanzielle Ressourcen stehen uns dafür zur Verfügung?

Holen Sie sich Unterstützung

Stakeholder wie Auftraggeber, Kunden, Steuerungs- und Lenkungsgremien müssen in dieser Phase an Bord geholt werden. Gleiches gilt für das Team: Hier ist ein Commitment ebenso wichtig wie die Klärung der Frage, wer in welchem Umfang zur Verfügung steht. Sind diese Fragen beantwortet, können die (neuen) Projektziele geklärt werden. In einem gemeinsamen Workshop werden Szenarien entwickelt, Phasen und Meilensteine angepasst sowie die Ressourcen grob geplant. Erst dann geht es um die Details:

- Wer übernimmt welches Teilprojekt bzw. welches Arbeitspaket?
- Bis wann ist was fertig?
- Wie werden die Ressourcen genau eingeplant, wie die Maßnahmen umgesetzt?

Die Einhaltung der Termine und Ziele ist unbedingt zu verfolgen. Zum einen können sie als Erfolge an den Auftraggeber kommuniziert werden. Dadurch kann verlorenes Vertrauen mittelfristig wiederaufgebaut werden. Zum anderen muss vor allem in der Anfangsphase genau beobachtet werden, ob Ziele und Maßnahmen nachjustiert werden müssen. Gerade zu Beginn ist die Kommunikation im Team deshalb unabdingbar.

FORTSETZUNG DES BEISPIELS

Wie ging es weiter mit dem Millenniumsprojekt? Um die Kunden nicht zu verlieren, wurde ein neuer Projektleiter als Ersatz für den kranken Kollegen ernannt. Er hatte eine Woche Zeit sich einzuarbeiten. Dazu konnte er auf die Unterlagen seines Vorgängers zugreifen. Auch die inzwischen aufgestockten Teams standen für Fragen zur Verfügung.

Der neue Berater erstellte knappe, aber noch realistische Projektpläne, stimmte diese mit den jeweiligen Kunden ab und machte sich ans Werk. Dank der Unterstützung und der Erfahrung der Teams und unzähliger Überstunden konnte er die Projekte rechtzeitig abschließen – die Geldautomaten und Computer der Banken liefen auch mit dem Jahreswechsel 1999/2000 störungslos weiter.

Achten Sie auf sich und Ihre Mitarbeiter

All dies zeigt: Krisensituationen sind in der Regel mit Mehraufwand verbunden – für den Projektleiter, aber auch für das gesamte Team. Dies führt natürlich zu einer vorübergehenden Mehrbelastung, die sich – sollte sie länger andauern – negativ auf Ihre Gesundheit auswirken kann. Leben Sie deshalb in diesen Phasen besonders gesund und achten Sie auf ausreichend Ruhe. Denken Sie an die Sieben Säulen der Resilienz:

- **Optimismus:** Die Krise ist erkannt, Gegenmaßnahmen wurden eingeleitet – das Projekt befindet sich wieder auf der Zielgeraden.

- **Akzeptanz:** Lassen Sie Gefühle wie Wut und Trauer zu. Lassen Sie sich aber nicht von ihnen beherrschen. Die Krise ist da. Jetzt gilt es zu handeln.

- **Lösungsorientierung:** Konzentrieren Sie sich auf die Frage, wie Sie mit der Herausforderung umgehen. Was können Sie tun, um die Krise zu beenden?

- **Selbststeuerung:** Der Druck in Krisensituationen ist groß. Bleiben Sie dennoch ruhig – Aufregung hilft jetzt nicht weiter.

- **Verantwortung übernehmen:** Werden Sie aktiv. Treffen Sie für Ihr Teilprojekt Entscheidungen. Schlagen Sie Lösungswege vor.

- **Beziehungen gestalten:** Sichern Sie sich die Unterstützung im Team und bieten Sie Ihrerseits Unterstützung an. Gemeinsam lassen sich Probleme leichter lösen.

- **Zukunft gestalten:** Konzentrieren Sie sich auf die neuen Ziele und den Weg dahin. Machen Sie sich Ihre aktive Rolle bei der Zielerreichung bewusst.

In Krisensituationen können Sie Ihre Qualifikation und Ihre Führungsqualitäten besonders gut unter Beweis stellen – auch dann, wenn Sie bislang noch nicht als potenzieller Projektleiter wahrgenommen wurden. Achten Sie deshalb darauf, dass Ihr Engagement von Ihrem Vorgesetzten wahrgenommen wird. Sie können es bei Gelegenheit selbst kommunizieren, oder Sie hoffen darauf, dass Sie der Projektleiter entsprechend lobt.

Krisenursache Teilprojekt?

Etwas heikler wird es, wenn die Ursache für die aktuelle Krise in Ihrem Teilprojekt liegt – sei es, weil Sie aufgrund der Arbeitsbelastung oder krankheitsbedingt wichtige Fristen versäumt haben, oder aber, weil sich die äußeren Rahmenbedingungen geändert haben. Auch wenn Sie als Projektmitarbeiter »in der zweiten Reihe« stehen, sollten und können Sie sich jetzt nicht zurückziehen. Überlassen Sie das Feld nicht dem Projektleiter – zeigen Sie, dass Sie der schwierigen Situation gewachsen sind. Die gute Nachricht: Auch, wenn es sich bei Krisen um unübersichtliche Situationen handelt, gibt es Regeln, wie man die Situation entschärfen und für sich nutzen kann. Aufgrund der sehr unterschiedlichen Auslöser und Verläufe einer Krise sind diese Regeln recht allgemein gehalten. Trotzdem haben sie sich immer wieder bewährt.

Schritt für Schritt aus der Krise
1. Akzeptieren Sie die Situation. Beschönigen Sie nichts und versuchen Sie nicht, das Problem auszusitzen. Abwarten macht alles nur noch schlimmer.
2. Wenn Plan A nicht funktioniert, ist es Zeit für Plan B. Im optimalen Fall liegt dieser bereits in der Schublade. Wenn nicht, sollte er – unter Berücksichtigung der neuen Situation – möglichst schnell erarbeitet werden.
3. Suchen Sie das Gespräch mit dem Projektleiter. Informieren Sie ihn über die Krise und vor allem über Ihre Lösungsstrategie.

Schritt für Schritt aus der Krise

4. Der Fehler liegt bei Ihnen? Dann sollten Sie dies klar sagen und damit auch die Verantwortung übernehmen. Abstreiten und Verharmlosung führt nur dazu, dass Sie mehr Vertrauen verlieren als unbedingt nötig.

5. Haben Sie sich mit dem Projektleiter auf Plan B geeinigt, setzen Sie diesen konsequent um. Vermeiden Sie zeitliche Verzögerungen. Halten Sie alle Termine und Zusagen konsequent ein. Nur so gewinnen Sie das verlorene Vertrauen zurück.

6. Sprechen Sie mit dem Projektleiter regelmäßig über den Fortschritt des Teilprojektes. Klammern Sie Probleme dabei nicht aus. Nur wenn der Projektleiter weiß, ob und wo es hakt, kann er Sie entsprechend unterstützen.

7. Agieren Sie selbstbewusst und bleiben Sie bei Ihren Zugeständnissen realistisch. Das gilt vor allem dann, wenn Sie ein schlechtes Gewissen haben. In solchen Situationen neigen wir zu Zugeständnissen, die wir nicht einhalten können – und die deshalb neue Enttäuschungen nach sich ziehen.

8. Achten Sie auf Ihre Gesundheit! Schlafen Sie ausreichend, achten Sie auf Ihre Ernährung und legen Sie regelmäßig Pausen ein. Nur so können Sie die notwendige Kraft und Energie für die Problemlösung vorhalten. Denken Sie daran: Niemandem hilft es, wenn Sie in der Situation krank werden.

9. Bitten Sie, wenn nötig, um Hilfe. Profitieren Sie von den Erfahrungen anderer Teammitglieder oder Mitarbeiter. Oft hilft es bereits weiter, ein Problem aus einer anderen Perspektive zu sehen.

10. Nach der Krise ist vor der Krise. Nutzen Sie die Chance, aus der Situation zu lernen, und sich auf die kommende Herausforderung vorzubereiten.

Gelingt es Ihnen, Ihr Teilprojekt sicher aus der Krise zu bringen, stellen Sie damit neben Ihrem fachlichen Können auch Ihre Führungsqualitäten unter Beweis.

Auf einen Blick: So werden Projekte zum Karriere-Kick

- Projekte sind aus unserer Arbeitswelt nicht mehr wegzudenken. Fundiertes Wissen und Praxiserfahrung im Management von Projekten werden dementsprechend immer wichtiger, wenn es um die eigene Karriere geht.

- Sich nur ein wenig in die Materie einzuarbeiten, reicht heute nicht mehr aus. Im Gegenteil: Viele Arbeitgeber setzen PM-Wissen und -Erfahrung heute schlicht voraus. Wer hier mit Qualifikationen aufwarten kann, hat entsprechend gute Aussichten.

- In jedem Projekt gibt es schwierige Phasen, die sich sogar zur Krise auswachsen können. Wer hier nicht die Nerven verliert und sich auf seine Stärken besinnt, kann beim Arbeitgeber punkten.

Nach dem Projekt ist vor dem Projekt

Auch wenn die Freude über das erfolgreich abgeschlossene Projekt groß ist und die nächste Herausforderung bereits wartet, sollten Sie nicht sofort wieder losstarten.

In diesem Kapitel erfahren Sie u. a.,

- warum Sie sich erst einmal eine Auszeit gönnen sollten,

- wie Sie Ihre Erfahrungen aus dem abgeschlossenen Projekt für sich und andere langfristig nutzbar machen,

- mit welchen Kompetenzen Sie auch zukünftig am Ball bleiben.

Das Projekt ist zu Ende – und jetzt?

Es ist geschafft: Das Projekt ist abgeschlossen, der Kunde zufrieden, der Chef strahlt. Alle sind erleichtert und freuen sich – schließlich gab es mehr als eine brenzlige Situation zu meistern und des Öfteren schlitterte man haarscharf am Abgrund vorbei. Alles also eigentlich wie immer. Dann kann es jetzt ja weitergehen, oder?

In der Euphorie über das abgeschlossene Projekt fühlen wir uns stark. Der Stress scheint vergessen oder war in der Rückschau zumindest nicht so belastend, wie wir ihn wahrgenommen hatten. Alles in allem also kein Grund zum Jammern. Viel Zeit bleibt dafür ohnehin nicht – schließlich wartet ja schon das nächste Projekt. Auch liegengebliebene Aufgaben wollen erledigt werden und der Schreibtisch wurde schon lange nicht mehr aufgeräumt.

Das alles stimmt zweifellos. Und trotzdem wäre es jetzt falsch, ohne eine kleine Verschnaufpause einfach weiterzumachen. Hinter Ihnen liegt ein anstrengendes Projekt mit all seinen Höhen und Tiefen.

Durchatmen: Warum eine kleine Auszeit wichtig ist

Auch wenn Projekte mittlerweile selbstverständlich geworden sind, bleibt die Arbeit im Projekt immer noch eine Ausnahmesituation für uns. Dies bedeutet emotionale Anspannung, die wir in der Regel als negativen Stress wahrnehmen.

Und genau hier lauert ein Risiko: Anders als positiver Stress kann uns negativer Stress krankmachen. Denn die ständige Alarmbereitschaft, in der wir uns befinden, kostet viel Kraft und zehrt an unseren Reserven. Und dies – je nach Projektdauer – über Wochen oder gar Monate. Bauen wir nach der Phase der Anspannung unsere Reserven nicht wieder auf, indem wir entspannen, gefährden wir uns. Die Folgen reichen von Schlafstörungen bis hin zum Burn-out. Das Fatale: Oft bemerken wir die Anzeichen dafür erst zu spät. Schließlich konzentrieren wir uns ganz auf unsere Aufgaben, unsere Ziele. Natürlich nehmen wir uns vor, nach dem Projekt endlich ein paar Tage frei zu machen. Wir planen, in den Urlaub zu fahren oder aber einfach mal ganz in Ruhe den Schreibtisch aufzuräumen – nur machen wir das alles dann in der Regel tatsächlich nicht. Denn der positive Stress, der durch den erfolgreichen Abschluss ausgelöst wird, lässt uns vergessen, wie dringend unsere Reserven wieder aufgefüllt werden müssten.

Dabei sind solche Auszeiten enorm wichtig für uns. Sie verschaffen uns die Zeit, die innere Balance wiederherzustellen, zur Ruhe zu kommen, neue Kraft zu schöpfen. Gleichzeitig geben sie uns die Möglichkeit, das neu Erfahrene zu verarbeiten. Denn mit jedem Projekt, jeder Aufgabe lernen wir dazu und erweitern unseren Erfahrungsschatz. Davon können wir aber nur profitieren, wenn wir auch die Zeit dazu haben, genau diese

Erfahrungen für uns auszuwerten – und zwar mit etwas Abstand und einer neuen Perspektive.

BEISPIEL

Gregor hatte es seiner Frau Cathrin ganz fest versprochen: Sobald das aktuelle Projekt zu Ende wäre, würden die beiden in den Urlaub starten, und das für mindestens zwei Wochen, wenn möglich sogar drei.

Dass es anders kam, hatte Cathrin bereits geahnt, als sich Gregor nicht durch eine Buchung festlegen wollte. Schließlich könne sich das Projekt ja verzögern – und dann stünden sie da und könnten die teure Reise nicht antreten. »Wir fahren einfach mit gepackten Koffern zum Flughafen und schauen, was es Last Minute gibt. Das wird bestimmt toll!«, argumentierte er. Als sich das Ende des Projektes anbahnte, sprach Cathrin das Thema Urlaubsplanung noch einmal an. Doch Gregor winkte ab – in der Endphase des Projektes hatte er nicht den Kopf frei, um sich mit potenziellen Urlaubszielen auseinanderzusetzen. Dann war es soweit: Das Projekt war erfolgreich abgeschlossen, der Schreibtisch aufgeräumt, der Urlaubsantrag eingereicht. Alles, was noch fehlte, war das Okay des Chefs. Der kam auch prompt in Gregors Büro, mit dem Antrag in der Hand – und einem zerknirschten Gesichtsausdruck. Denn andere hatten vor Gregor Urlaub eingereicht. Zumindest einen IT-Spezialisten brauchte er jedoch dringend vor Ort – für das neue Projekt, das er angenommen hatte. Gregor bekam die Chance, als Projektleiter einzusteigen. Das war der Karriereschritt, auf den er so lange gewartet hatte. Er überlegte kurz und sagte zu.

Cathrin fiel aus allen Wolken. Verärgert beschloss sie, alleine zu fahren. Schließlich hatte auch sie seit über einem Jahr keinen Urlaub mehr gehabt. Anders als bei Gregor hatte ihr Chef den Urlaubsantrag auch sofort unterschrieben – warum also die freie Zeit zu Hause bleiben? Für Gregor bedeutete Cathrins Entscheidung zusätzlichen Stress. Denn neben dem neuen Projekt musste er sich in den nächsten zwei Wochen auch zu Hause um alles alleine kümmern. Kurze Nächte und schlechte Ernährung waren die Folge. Nach etwas über einer Woche kippte er im Büro um und erwachte im Krankenhaus auf der Intensivstation. Sein Herz-Kreislauf-System hatte einfach schlappgemacht und ihm die Rote

Karte gezeigt. Nun hatte er die Auszeit, die er brauchte – allerdings nicht so, wie er sie sich vorgestellt hatte.

Brauchen Sie Erholung?

Gregor aus dem Beispiel hat sich und seine Kraft überschätzt, mit fatalen Folgen. Tatsächlich gibt es jedoch ganz klare Anzeichen, an denen wir erkennen können, ob – und wie sehr – wir Entspannung brauchen. Wie steht es mit Ihnen? Machen Sie den Test! Kreuzen Sie diejenigen Aussagen an, die auf Sie zutreffen.

Test: Brauchen Sie Erholung?		Trifft zu
1.	Das Aufstehen fällt Ihnen schwer. Sie zwingen sich jeden Morgen aus dem Bett und fragen sich, weshalb die Nacht mal wieder nicht erholsam war.	
2.	Kleinigkeiten reichen aus, um Sie aus dem Konzept zu bringen. Sie reagieren genervt und neigen zu Wutausbrüchen.	
3.	Sie sind lustlos und freuen sich morgens schon auf den Feierabend. Überstunden machen Sie zwar, jedoch nur gegen einen enormen inneren Widerstand.	
4.	Ihre Konzentration geht gegen null. Immer wieder schweifen Sie ab und lassen sich ablenken, auch wenn Sie sich darüber ärgern, dass Sie dadurch noch länger brauchen.	
5.	Um Sie herum herrscht Chaos. Unterlagen werden einfach nur noch gestapelt; störende Sachen zur Seite geschoben. Ihnen fehlen die Zeit und die Lust, den Schreibtisch in Ordnung zu bringen.	

Test: Brauchen Sie Erholung?	Trifft zu
6. Sie jagen von Termin zu Termin, von Telefonat zu Telefonat und kommen dazwischen nicht mehr zur Ruhe. Der Spruch »Wir sind auf der Arbeit und nicht auf der Flucht«, ringt Ihnen noch nicht einmal mehr ein dünnes Lächeln ab.	
7. Die Fehler häufen sich. Noch sind es Kleinigkeiten wie Tippfehler oder vergessene Unterlagen. Aber es werden mehr. Fast hätten Sie schon einen wichtigen Termin versäumt. Und dies nur, weil Sie nicht die Zeit hatten, ihn in den Kalender einzutragen.	
8. Sie schalten nicht mehr ab. Das Projekt beschäftigt Sie bis weit in den Feierabend. Sie überlegen auch nachts, ob Termine gehalten werden können und ob Ihr Vorgesetzter mit Ihrer Leistung zufrieden ist.	
9. Sie vernachlässigen Familie und Freunde, ziehen sich entweder ins Büro zurück, oder arbeiten von zu Hause aus weiter. Freizeitaktivitäten verschieben Sie auf die Zeit »nach dem Projekt«.	
Summe der »Trifft zu«-Aussagen	

Zählen Sie zusammen, wie oft Sie »Trifft zu« angekreuzt haben.

- **1 bis 2 Kreuze:** Sie zeigen erste Anzeichen von Überlastung. Suchen Sie nach den Ursachen für Ihren Stress und nach Wegen diesen abzustellen. Noch können Sie leicht korrigierend eingreifen.

- **3 bis 5 Kreuze:** Vorsicht, die Zeichen deuten auf Sturm! Es wird Zeit, dass Sie gegensteuern. Arbeiten Sie an Ihrer Resilienzfähigkeit. Tipps und Übungen dazu finden Sie in diesem TaschenGuide.

- **6 bis 7 Kreuze:** Nehmen Sie sich eine Auszeit – es ist allerhöchste Zeit –, auch dann, wenn bereits das nächste spannende Projekt wartet. Denn obwohl wir mit jedem Projekt und den damit verbundenen Herausforderungen ein Stück weit wachsen, wird mit jeder dieser Erfahrung auch unsere Resilienz in Anspruch genommen und geschwächt. Diese innere Widerstandskraft benötigen wir jedoch, um den künftigen Anforderungen gerecht zu werden.

- **8 bis 9 Kreuze:** Vorsicht Burn-out! Lassen Sie sich beraten und holen Sie sich interne Unterstützung für Ihr Projekt. Denken Sie daran: Niemandem ist damit geholfen, dass Sie krank werden und vielleicht für eine längere Zeit ausfallen. Handeln Sie!

Wie steht es um Ihre Resilienz?

Um nicht nach und nach auszubrennen, ist es ratsam, Ihre Resilienz nach jedem Projekt auf den Prüfstand zu stellen. Beantworten Sie dazu die folgenden Fragen – möglichst spontan und ohne langes Nachdenken.

Reflexion zu Ihrer Resilienz:

1. Wie sehr sind Sie davon überzeugt, dass Sie Ihrer Rolle und Ihren Aufgaben im letzten Projekt gewachsen waren?

2. Haben Sie das Feedback Ihrer Kollegen und Ihrer Vorgesetzten eher als positiv empfunden oder hatten Sie den Eindruck, Ihre Leistungen würden nicht richtig wahrgenommen?

3. Genießen Sie das Vertrauen Ihrer Kollegen und Vorgesetzten?

4. Haben Sie beim letzten Projekt Ihre Standpunkte im Team vertreten können? Konnten Sie andere von Ihren Lösungen und Argumenten überzeugen?

5. Sind Sie Konflikten aus dem Weg gegangen? Oder haben Sie sich – auch gegen den Widerstand von Kollegen – für eine bessere Lösung eingesetzt, auch wenn das Mehraufwand bedeutete?

6. Wie oft haben Sie im Laufe des Projektes an einem positiven Abschluss gezweifelt?

7. Wie häufig waren Sie müde und demotiviert? Gab es auch Zeiten, in denen Sie sich am liebsten gar nicht mehr mit dem Projekt beschäftigen wollten?

8. Wie oft haben Sie sich während des Projekts überfordert gefühlt?

9. Wie erleichtert sind Sie nach dem erfolgreichen Abschluss? Und was genau löst das Gefühl der Erleichterung bei Ihnen aus?

10. Freuen Sie sich auf das kommende Projekt oder fühlen Sie sich innerlich einfach nur müde und schwach?

Ziehen Sie eine Bilanz aus Ihren Antworten:

- Wie sehr haben Sie sich die letzten Wochen oder Monate wirklich angestrengt?
- Wie oft haben Sie Ihre Familie, Ihre Freunde vertröstet und Überstunden gemacht?
- Auf einen Ausgleich verzichtet?

Macht Sie die Reflexion betroffen, hinterlässt sie ein eher schlechtes Gefühl in Ihnen? Dann sollten Sie sich erst um Ihre Resilienz kümmern, bevor Sie die nächste Aufgabe angehen. Bereits bei ersten Anzeichen nachlassender Resilienz sollten Sie aufhorchen und Ihrer Gesundheit wieder mehr Platz einräumen. Nutzen Sie dazu die Zeit zwischen zwei Projekten für eine Auszeit – um sich ins innere Gleichgewicht zu bringen und die eigenen Kraftreserven wieder aufzufüllen.

Erfolgsorientiert, dynamisch und immer gut gelaunt – dieses Bild wird uns von klein auf als Ideal vermittelt. Dabei wird vergessen, dass jeder von uns nur begrenzte Reserven hat. Umso schwerer fällt es uns, offen zuzugeben, dass wir eine Auszeit benötigen – auch vor uns selbst. Durchbrechen Sie diese Spirale für sich. Gestehen Sie sich ein, Sie JETZT eine Pause benötigen – damit haben Sie bereits den ersten wichtigen Schritt zu mehr Resilienz gewagt.

Richtig erholen – gar nicht so leicht

Damit Sie auch wirklich Ihren Energiespeicher wieder auffüllen können, sollte die Auszeit richtig geplant sein. Einfach nur ein, zwei freie Tage zu verbringen, reicht nicht aus. Im Gegenteil: Menschen, die vor ihrem Urlaub sehr angespannt waren, werden in den ersten Urlaubstagen häufig krank. Forscher nennen dieses Phänomen Leisure Sickness, Freizeitkrankheit. Diese taucht gerne dann auf, wenn der Arbeitsstress plötzlich rapide nachlässt, so z. B. nach einem anstrengenden Projekt. Da unser Immunsystem während der Belastung extrem gefordert wurde, freut es sich nun – ebenso wie Geist und Körper – auf die Pause. Genau dies ist jedoch die Chance für Bakterien und Viren, die nun zuschlagen können.

Statt also abrupt von 100 auf 0 zu reduzieren, macht es Sinn, den Übergang bewusst zu gestalten – auch wenn es sich nur um den Urlaub und nicht um den Start in den Ruhestand handelt. Schalten Sie nach und nach in einen niedrigeren Gang:

- Verbringen Sie die ruhige Phase kurz nach dem Projekt zunächst mit Aufgaben, die liegengeblieben sind und sich gleichzeitig hervorragend dazu eignen, innen und außen Ordnung zu schaffen. Räumen Sie beispielsweise Ihren Schreibtisch auf und bearbeiten Sie unbeantwortete Mails.

- Nehmen Sie danach erst einmal nur halbe Tage frei. Holen Sie sich auch gerne noch einmal das Lob für das gelungene Projekt ab – aber fangen Sie kein neues Projekt an, egal, wie klein und überschaubar es sein mag.

- Nach ein, zwei Tagen Cool-down-Phase können Sie Ihre Koffer packen und in den Urlaub fahren. Das ist jetzt die Zeit, um Ihr Gleichgewicht wiederherzustellen. Verbringen Sie diese Phase deshalb mit Tätigkeiten, die Ihnen guttun. Dabei sind Nervenkitzel und positiver Stress erlaubt – aber nichts, was Sie, Ihre Gesundheit und Ihre Psyche negativ belastet. Deshalb: Treiben Sie Sport, genießen Sie die Natur. Lassen Sie Ihren Kopf zur Ruhe kommen. Schalten Sie Ihr Handy ab und versuchen Sie, die Zeit so bewusst wie möglich zu genießen.

Um uns richtig zu erholen, brauchen wir übrigens drei Wochen Abstand. Das geht natürlich nicht immer, vor allem dann nicht, wenn das nächste Projekt schon auf uns wartet. Umso wichtiger ist es deshalb, die zur Verfügung stehende Zeit gezielt zu nutzen, um möglichst gestärkt wieder durchstarten zu können. Folgende Tipps helfen Ihnen dabei:

- Planen Sie den Urlaub als Auszeit ein – nicht als Phase, in der Sie möglichst viele Dinge nachholen, die privat liegengeblieben sind.

- Sollte es sich nicht vermeiden lassen, begrenzen Sie das Pflichtprogramm, wie z. B. Behördengänge oder längst fällige Renovierungsarbeiten an Ihrer Wohnung, auf ein bis zwei extra dafür reservierte Tage.

- Um abzuschalten, brauchen Sie ein Kontrastprogramm zum Berufsalltag. Sind Sie beruflich viel unterwegs, sollten Sie im Urlaub auf Rundreisen verzichten und stattdessen Ihre freie Zeit nur an einem Ort verbringen. Sitzen Sie viel im Auto oder am Schreibtisch, ist nun Bewegung gefragt. Ob Sie wandern, paddeln, schwimmen, radeln, tauchen oder klettern bleibt dabei Ihren Vorlieben überlassen.

- Erwarten Sie nicht, dass Sie bereits am ersten Urlaubstag nicht mehr an die Arbeit denken. Dafür waren die letzten Wochen viel zu aufregend. Geben Sie sich stattdessen die Zeit, die Sie brauchen, um den Alltag loszulassen – und dies bitte ganz ohne Selbstvorwürfe und Zweifel. Setzen Sie auf Aktivitäten, die Sie in den Bann ziehen und ablenken. Diese Taktik verkürzt die Cool-down-Phase erheblich.

- Gönnen Sie sich eine digitale Diät. Verzichten Sie, wenn möglich, auf Smartphone, Tablet und Notebook. Müssen Sie unbedingt erreichbar sein, sollten Sie feste Zeitfenster dafür einplanen. Der Rest des Tages gehört dann Ihnen – ohne die Angst, dass Ihnen etwas entgeht.

- Halten Sie die Auszeit noch ein klein wenig fest – auch wenn der Alltag Sie wiederhat. Nutzen Sie Ihre Schnappschüsse aus dem Urlaub als Bildschirmschoner, hören Sie auf dem Weg zur Arbeit die Musik, die in der Hotelbar gespielt wurde, oder gehen Sie nach Feierabend schwimmen. All dies hilft Ihnen, die Erholungsphase zu verlängern und positive Erinnerungen abzurufen, wenn es stressig wird.

Übrigens: Analog zur Cool-down-Phase sollten Sie sich auch nach Ihrer Auszeit eine kleine Startphase gönnen, in der Sie sich quasi warmlaufen, Ihre Mails und Briefe aus den vergangenen Tagen und Wochen durchschauen, Aufgaben priorisieren und vor allem noch einmal das letzte Projekt Revue passieren lassen. Denn jetzt sind Sie bereit, aus Ihren Erfahrungen nutzbare Rückschlüsse abzuleiten, die Sie bei künftigen Aufgaben weiterbringen.

Aus Vergangenem lernen

Wussten Sie, dass wir mehr aus unseren Erfolgen als aus unseren Fehlern lernen? Dies hat Diwas Kc, Professor an der US-Universität Emory, gemeinsam mit seinen Kollegen Bradley Staats und Francesca Gino nachgewiesen. Für ihre Forschung wählten sie einen Bereich aus, in dem Fehler besonders dramatische Folgen haben: die Chirurgie. Sie untersuchten über einen Zeitraum von zehn Jahren mehr als 6.500 Eingriffe, bei denen Patienten einen Bypass erhielten. Das Besondere: Bei diesen Operationen wurde den Betroffenen der Brustkorb nicht – wie sonst üblich – gespalten, sondern die Instrumente wurden über eine kleine Öffnung in den Körper eingeführt. Zum Zeitpunkt der Studie war diese Technik sehr neu; die Chirurgen hatten damit wenig Erfahrung und dementsprechend gingen Operationen auch einmal schief. Um sich zu verbessern, griffen die Ärzte auf ihre eigenen Erfahrungen und die Dokumentationen der Kollegen zurück. Sie konnten also aus ihren Erfolgen und Misserfolgen und denen der Kollegen lernen. Das Ergebnis der Studie: Nicht die eigenen Fehler verbesserten die Leistung signifikant – es waren die Erfolge, die die Fehler der Chirurgen minimierten. Gleichzeitig lernten sie aus den Fehlern ihrer Kollegen.

Wir lernen lieber aus Erfolgen, nicht so sehr aus Fehlern

Diese Studie lässt sich auf uns alle übertragen: Wir lernen vor allem aus unseren Erfolgen. Das ist so, weil wir uns gerne mit ihnen identifizieren. Wir schreiben sie unseren Fähigkeiten und Erfahrungen zu, während wir Fehler gerne mit Umständen begründen, die wir nicht in der Hand haben. Verzögerungen im Projekt oder unzufriedene Kunden führen wir beispielsweise gerne darauf zurück, dass wichtige Entscheidungen von anderen auf sich warten lassen oder dass uns der Kunde nicht versteht. Unsere Bereitschaft, den Fehler im eigenen Verhalten zu suchen, ist hingegen eher gering. Haben andere den Fehler gemacht, lernen wir jedoch gerne daraus – schließlich müssen wir uns dann nicht mit dem, was schiefgelaufen ist, identifizieren.

Warum eine offene Fehlerkultur so wichtig ist

Damit wir auch aus Fehlern lernen können – ganz gleich, wer sie gemacht hat – brauchen wir eine offene Fehlerkultur. Sie fängt bei dem Bewusstsein an, dass Fehler nicht von Natur aus schlecht sind. Fehler zeigen uns vielmehr, dass noch etwas fehlt – seien es Ressourcen, Wissen oder die Bereitschaft, sich intensiv mit einer Aufgabe auseinanderzusetzen.

Eine der größten Herausforderungen ist dabei die emotionale Komponente: Wir alle haben gelernt, dass Misserfolge und Fehler schlecht sind. Das führt dazu, dass wir uns für Fehler schämen und sie ungern zugeben – vor allem dann, wenn sie mit negativen Folgen für das Projekt oder das Team verbunden sind. Dieses über Jahrzehnte hinweg in Schule, Ausbildung und

Studium erlernte Verhalten gilt es zu überwinden, um eine offene Fehlerkultur zu etablieren. Das schaffen wir als Mitarbeiter natürlich nicht allein. Im Gegenteil: Wer von seinem Chef bei Fehlern öffentlich kritisiert wird, wird wohl kaum auf die Idee kommen, sich vor allen anderen zu seinen Missgeschicken zu bekennen. Er wird stattdessen versuchen, die Fehler bereits im Vorfeld zu vertuschen oder ungeschehen zu machen oder sie im Meeting kleinzureden – mit dem Erfolg, dass keiner daraus lernen kann.

Der erste Schritt zu einer offenen Fehlerkultur muss deshalb vom Management kommen. Es muss einen offenen Umgang mit Fehlern erlauben und Schuldzuweisungen unterbinden. Dies geht nur, wenn Vorgesetzte und Projektleiter diesen Ansatz selber leben. Sie sind die Vorbilder, die die Unternehmens- und damit auch die Fehlerkultur entscheidend mitgestalten. Ein möglicher Ansatz dafür ist Appreciative Inquiry (AI), »wertschätzende Erkundung und Entwicklung«. Diese Methode verfolgt einen lösungsorientierten und konstruktiven Ansatz, bei dem sich das Team nicht auf die Fehler, sondern auf die positiven Leistungen konzentriert. Dies geschieht unter anderem durch positiv formulierte Fragen. Der Veränderungsprozess knüpft an die positiven Leistungen an: Was kann noch besser gemacht werden, um das Ziel XY zu erreichen?

Gefragt ist aber auch der Einzelne: Wer – bildlich gesprochen – mit dem Finger auf andere zeigt, darf nicht erwarten, dass seine Fehler toleriert werden. Deshalb sollten auch die Mitarbeiter an sich arbeiten, und zwar sowohl im Umgang mit den Fehlern der anderen als auch mit den eigenen. Hier gilt es, über den eigenen Schatten zu springen und entgegen der bisherigen Erfahrung zuzugeben, dass man nicht unfehlbar ist.

Wir alle haben es also in der Hand, wie im Team mit Fehlern umgegangen wird und können den Wandel zu einer offenen Fehlerkultur aktiv mitgestalten.

Schritt für Schritt zu einer offenen Fehlerkultur

1. Gestehen Sie sich und anderen Fehler zu. Fehler sind menschlich. Sie zeugen nicht von einem persönlichen Versagen, sondern davon, dass etwas fehlt, so z. B. Ressourcen, Informationen oder Kompetenzen.

2. Gehen Sie offen mit Fehlern um, die Ihnen unterlaufen sind. Damit ermuntern Sie nicht nur andere, das gleiche zu tun. Je eher Sie darauf hinweisen, dass etwas schiefgelaufen ist, umso eher kann Abhilfe geschaffen werden.

3. Suchen Sie nicht nach dem Schuldigen, sondern nach den Ursachen. Nur so kann eine Wiederholung vermieden und aus dem Geschehen gelernt werden.

4. Reagieren Sie positiv darauf, wenn andere ihre Fehler offenlegen. Geben Sie es ruhig zu, wenn Ihnen ein ähnlicher Fehler auch schon mal unterlaufen ist.

5. Ihr Kollege hat einen Fehler begangen, nimmt ihn aber – absichtlich oder unabsichtlich – nicht als solchen wahr? Weisen Sie ihn sachlich darauf hin und bieten Sie Ihre Hilfe an.

6. Gehen Sie mit Kollegen, denen ein Fehler unterlaufen ist, so um, wie Sie es sich für sich selbst wünschen: mit Respekt, Nachsicht und ohne Schuldzuweisung.

Auf der Suche nach den Ursachen

Sich und anderen Fehler einzugestehen, ist die Voraussetzung dafür, aus ihnen lernen zu können. Ein weiterer wichtiger Schritt ist die Suche nach den Ursachen. Denn kein Fehler passiert grundlos. Ursachen für Fehler im Projekt können z. B. sein:

- fehlendes Wissen,

- unzureichende Informationen,

- allzu knappe Ressourcen, beispielsweise nicht ausreichend Zeit für zu komplexe Aufgabenstellungen, zu wenig Mitarbeiter oder ein zu geringes Budget.

Sehr oft ist es auch ein Mix aus unterschiedlichen Gründen. Nicht zuletzt deshalb sollte genauer hingeschaut werden. Denn nur wenn den Ursachen genau auf den Grund gegangen wird, kann eine Wiederholung des Fehlers vermieden werden. Um einen Fehler künftig auszuschließen, ist es deshalb nötig, die Informationsprozesse und die Kommunikation genau zu analysieren und nach Optimierungspotenzial zu suchen.

Auf den regelmäßigen Prüfstand gehört natürlich auch die Qualifikation der Beteiligten. Hier ist ehrliche Selbsteinschätzung, aber auch das Feedback der Kollegen und Vorgesetzten gefragt. Haben Sie eine Wissenslücke entdeckt, kommt vielleicht eine Weiterbildung in Betracht, die die fachlichen Lücken schließt – und zwar nicht nur bei dem Mitarbeiter, dem der Fehler unterlaufen ist, sondern auch bei seinen Kollegen.

Die Ursachenforschung kann zu einer emotionalen Gratwanderung werden. Schließlich haben wir es verinnerlicht, Fehler mit Schuldfragen zu koppeln. Dies gilt auch bei selbstreflektierenden Persönlichkeiten. Achten Sie deshalb bei der Suche nach den Gründen unbedingt auf Ihre Wortwahl, auch wenn Sie zunächst ausschließlich Ihr eigenes Verhalten hinterfragen. Je sachlicher Sie formulieren, um so offener kann hinterher über die Ursache und Lösungswege zum Ausschluss von Wiederholungen gesprochen werden.

BEISPIEL

Bei einem großen Rückbauprojekt im Bereich Kraftwerk wurde Marlene mit dem Teilprojekt »Genehmigungen und Dokumentation« beauftragt. Voller Elan stürzte sie sich in die Arbeit und freute sich darüber, dass sie schnell einen guten Draht zu den Behörden aufbauen konnte. Alles lief so gut, dass sie mehr als zufrieden war. Auch der Projektleiter lobte sie – oft vor dem ganzen Team. Denn Marlene jammerte nicht. Sie packte an.

Dann jedoch kam das böse Erwachen: Ausstehende Genehmigungen wurden verweigert, weil für bestimmte Rückbauten nicht die nötigen Unterlagen vorhanden waren. Die Ursache dafür: Marlene hatte einen kleinen, aber entscheidenden Hinweis übersehen. Sie geriet ins Schlingern, das Projekt drohte sich zu verzögern. Vor ihrem inneren

Auge sah Marlene die Kollegen breit grinsen – hatte sie doch jetzt ihre Vorbildfunktion eingebüßt. Und was noch schlimmer war: Dieser Fehler könnte ihren Arbeitgeber eine sehr hohe Summe Konventionalstrafe kosten, wenn die Termine nicht eingehalten würden. Und das alles, weil sie diese eine Vorschrift falsch interpretiert hatte!

Nach einer unruhigen Nacht fasste sie sich ein Herz und ging zum Projektleiter. Kleinlaut gab sie zu, was ihr passiert war. Doch statt der erwarteten Predigt lachte Georg nur. »Ein typischer Anfängerfehler«, ordnete er den Lapsus ein. »Dumm von mir, dass ich Sie nicht darauf aufmerksam gemacht habe – mir ist nämlich vor Jahren das Gleiche passiert.« Kurzentschlossen griff er zum Telefon, rief bei der Behörde an und schilderte den Fall. Mit viel Geduld und sachlicher Argumentation erreichte er, dass die Unterlagen nachträglich eingereicht werden konnten. Marlene bekam einige Tage Zeit, um sie zu besorgen und machte sich sofort an die Arbeit. Dank der schnellen Reaktion war die fehlende Genehmigung letztendlich mir nur einer Woche Verspätung da – eine Verzögerung, die aufgrund von eingeplanten Pufferzeiten schnell wieder aufgeholt werden konnte. Als die Genehmigung schließlich da war, nahm Gregor seine Projektmitarbeiterin zur Seite: »Nachdem uns beiden jetzt dieser Fehler unterlaufen ist, möchte ich vermeiden, dass das auch anderen passiert. Könnten Sie dazu ins Intranet einen entsprechenden Fehlerbericht stellen? Der Schwerpunkt sollte auf der Lösungsfindung liegen.« Marlene sagte ihm den Beitrag zu und schrieb unter der Überschrift »Was kann ich tun, wenn die Genehmigung XY aufgrund fehlender Unterlagen verweigert wird?« einen kleinen Text mit dem Hinweis: »Achtung – bitte berücksichtigen Sie, dass für diese Genehmigung auch folgende Unterlagen benötigt werden: ..., ... und .... Die Formulierung der Verordnung ist hier leider nicht ganz eindeutig.«

Monate später – Marlene hatte den Vorfall schon längst vergessen – wurde sie in der Kantine angesprochen. Eine junge Kollegin bedankte sich für den Hinweis im Intranet. »Ich war unsicher, wie ich den Text zu interpretieren hatte und neigte zu der Sicht, dass ich die Unterlagen nur in Ausnahmefällen brauche. Zum Glück hat mich eine Kollegin auf Ihren Beitrag im Wiki aufmerksam gemacht!«

Lessons Learned: Wie aus Fehlern wertvolle Erfahrungen werden

Das Beispiel von Marlene ist typisch für Lessons Learned. Darunter versteht man neue Erkenntnisse oder Erfahrungen, die im Laufe eines Projektes gewonnen und dann dokumentiert werden. Festgehalten werden dabei sowohl positive als auch negative Erfahrungen, die Ansätze für Optimierungen oder Risikominimierungen bei späteren Projekten geben können.

Lessons Learned sind – ebenso wie Best Practice – fester Bestandteil von Wissensmanagement-Strategien. Sie bieten sich aber auch an, um das Erlernte innerhalb eines Projektes für sich selbst zu verstärken. Durch die Dokumentation und die Aufbereitung der Inhalte für Dritte beschäftigen wir uns noch einmal intensiver mit dem Erlebten, hinterfragen die Wechselwirkungen und können so Informationen auch für uns besser nutzbar machen.

Bewährt haben sich Lessons Learned vor allem, wenn es um die folgenden Themen geht:

1. Risiken sowie ihre potenziellen Auswirkungen, ihre Eintrittswahrscheinlichkeiten sowie Gegenmaßnahmen,
2. potenzielle Maßnahmen zur Sicherung der Produkt- bzw. Servicequalität,
3. Effizienz der Projektorganisation, z. B. bei Entscheidungsprozessen,
4. Effizienz des Projektmanagements, z. B. zu Methoden oder Kommunikation.

Da sich diese praktisch erworbenen Erfahrungen leicht auf andere Situationen übertragen lassen, profitieren von der Dokumentation auch künftige Projektteams.

Informationen sind stets Holschulden. Dies gilt vor allem hinsichtlich der Lessons Learned. Um aus ihnen Nutzen ziehen zu können, müssen Sie sich aktiv um die Infos bemühen. Nutzen Sie dazu bestehende Dokumentationen und die Angebote im Intranet.

Lessons Learned kosten Zeit – gerade auch im Projekt. Die Mühe lohnt sich jedoch. Schließlich lassen sich damit kostspielige Fehlentscheidungen vermeiden. Je nach Teamgröße und Projektart bietet es sich deshalb an, die Erfahrungen nicht nur zu dokumentieren, sondern sie in einem Workshop aufzubereiten. In diesem werden neben der Analyse der Erfahrungen auch konkrete Handlungsempfehlungen für künftige Projekte entwickelt. Da hier – anders als bei der individuellen Dokumentation und Analyse – das gesamte Team mitarbeitet, werden dabei die unterschiedlichsten Perspektiven auf eine Fragestellung berücksichtigt. Vor allem bei komplexen und hoch dotierten Projekten ist diese Vorgehensweise sehr empfehlenswert.

Auch wenn sich Lessons Learned in Ihrem Unternehmen noch nicht etabliert haben, sollten Sie diese Methode trotzdem für sich nutzen. Sie werden sehr schnell bemerken, dass Ihnen die Reflexion Ihrer eigenen Erfahrungen mehr bringt als so manches kluge Buch.

Schritt für Schritt zu Lessons Learned

1. Nutzen Sie ein festes Format, um Ihre Erfahrungen zu sammeln: Tragen Sie sie in ein spezielles Notizheft oder in eine Dokumentenvorlage ein. die Sie extra dafür erstellt haben. Legen Sie die Dokumente in einem dafür vorgesehenen Ordner ab.

2. Halten Sie Ihre Erfahrungen bereits während des Projektes fest. Notieren Sie den Kontext, das Problem, die Ursache und die Lösung.

3. Dokumentieren Sie, welches Risiko bzw. welche Aufgabe bestanden hat.

4. Notieren Sie – wenn sinnvoll – ergänzende Hinweise, die die Übertragbarkeit auf spätere Projekte gewährleisten.

5. Analysieren Sie den Lösungsprozess: Was ist gut gelaufen, was weniger gut? Was würden Sie beim nächsten Mal anders machen, und warum?

Lessons Learned sind die beste Basis, um weiter an Ihrer Karriere im Projektmanagement zu arbeiten. Sie haben nämlich wunderbare Nebeneffekte: Sie führen Ihnen vor Augen, was Sie gelernt haben und wo Ihre Stärken und Ihre Schwächen liegen. Dazu sollten Sie sich Ihre Erfahrungen gezielt ansehen:

- Was haben Sie relativ leicht lösen können? Was war eine größere Herausforderung für Sie?

- Gab es im Vergleich zu vorherigen Projekten Verbesserungen? Und, wenn ja, welche?
- Wo bestehen immer noch Lücken?

Nutzen Sie auch die Erfahrungen Ihrer Kolleginnen und Kollegen. Ihre Lessons Learned können wichtige Informationen zu der Frage liefern, welche Qualifikationen Ihnen für den nächsten Karriereschritt noch fehlen. Schauen Sie sich an, wie Kollegen oder Vorgesetzte projektrelevante Probleme gelöst haben – hätten Sie das nötige Fachwissen, den Projektmanagement-Hintergrund und den Weitblick dafür gehabt? Je ehrlicher Sie diese Fragen für sich beantworten, umso mehr können Sie daraus für Ihre Karriere ableiten.

Mit konkreten Zielen zur nächsten Herausforderung

Mit der eigenen Karriere ist es wie mit fast allen Dingen im Leben: Ohne konkrete Zielsetzung verzettelt man sich leicht, lässt sich ablenken oder verliert die Zwischenetappen aus den Augen. Nach einer Auszeit zwischen den Projekten und den Lessons Learned ist es deshalb Zeit für die Planung Ihrer Karriere. Betrachten Sie Ihren weiteren Berufsweg dazu wie ein eigenes Projekt, für das Sie einen Projektplan erstellen und attraktive Meilensteine definieren.

Dabei gilt, wie bei anderen Projekten auch, die Faustregel: Es gibt keinen perfekten Projektplan. Betrachten Sie Ihren Karriereplan deshalb in erster Linie als Vision, die so konkret ist, dass sie mit Leben gefüllt werden kann, die aber auch immer wieder daraufhin geprüft wird, ob die in ihr verorteten Ziele und Meilensteine noch passen. Denn obwohl Sie die treibende Kraft auf dem Weg zu Ihrem Karriereziel sind, hängt Ihre Laufbahn zusätzlich von externen Faktoren ab. Dazu gehören auch die anstehenden Projekte. Möglicherweise gibt es hier genau das Projekt, das Sie den ersehnten Schritt weiterbringt. Vielleicht müssen Sie aber auch einfach noch ein wenig auf diese Chance warten.

> Ihr persönlicher Karriereplan gibt die Richtung vor, die Sie weiterverfolgen möchten. Meilensteine konkretisieren die Schritte zum Ziel. Überprüfen Sie Ihren Plan ab und zu und passen Sie ihn bei Bedarf an.

Was wollen Sie wirklich?

Innerhalb der sich bietenden Rahmenbedingungen können und sollten Sie aktiv etwas für Ihre Karriere im Projektmanagement tun. Wichtig ist dabei, dass Sie sich darüber klarwerden, wo Sie in den nächsten drei bis fünf Jahren beruflich und persönlich stehen wollen.

Bevor Sie dieses Ziel nun verfolgen, sollten Sie die Antworten auf die folgenden Fragen kennen:

- Wie wichtig ist Ihnen dieses berufliche Ziel im Vergleich zu anderen persönlichen Zielen?

- Wie viel Zeit können und möchten Sie für die Erreichung dieses Ziels investieren?

- Wie realistisch ist es, dass Sie dieses Ziel in dem von Ihnen gewünschten Zeitrahmen erreichen?

- Welche Werte und Grundsätze sind Ihnen auf diesem Weg wichtig?

- Sind die Werte und Grundsätze mit dem Karriereziel und dem dafür vorgesehenen Zeitrahmen vereinbar?

Vielleicht wundern Sie sich ein wenig über die Frage nach Ihren Werten und Grundsätzen. Fest steht aber, dass wir nur in den Dingen gut sind, die wir mit Kopf und Herz vertreten. Bezogen darauf setzen wir uns leider oft die falschen Ziele. Falsch bedeutet in diesem Fall, dass es nicht unsere Ziele sind, sondern die Erwartungen anderer, denen wir zu entsprechen versuchen. Dies können Familie und Freunde sein. Es kann aber auch sein, dass wir eine »typische Karriere« verwirklichen wollen, die im Grunde gar nicht zu uns passt. Dies sind Konstellationen, in denen wir uns selbst im Weg stehen – manchmal sogar, ohne es zu merken.

Arbeiten wir jedoch zu lange und zu stark an gegen unsere innere Überzeugung, unsere Werte, kommen wir nicht nur schwerer voran. Unsere Kraft schwindet, die Resilienz nimmt ab. Wir werden anfälliger für Krankheiten, machen schneller

Fehler – kurz: Wir arbeiten mit aller Macht gegen uns. Um dies zu verhindern, sollten Sie sich für eine kritische Selbstreflexion genügend Zeit nehmen und die Fragen zu Ihren Karrierewünschen ehrlich beantworten.

Karriere planen mit dem Phasenmodell

Nachdem Sie Ihr Ziel kennen und definiert haben, geht es im nächsten Schritt um die eigentliche Planung. Nutzen Sie dazu das Phasenmodell, das Ihnen aus dem Projektmanagement bekannt ist. Die Arbeitspakete entsprechen dabei den Kompetenzen und Fähigkeiten, die Sie sich auf dem Weg zum Ziel aneignen wollen.

Greifen Sie auf Ihre bisherigen Projekterfahrungen und Lessons Learned zurück und überlegen Sie:

- Wo stehen Sie heute?

- Was ist Ihr nächstes berufliches Zwischenziel (Meilenstein)?

- Welche Hard Skills, welche Soft Skills und welche Berufserfahrungen fehlen Ihnen, um dieses Ziel zu erreichen?

Ausgehend von diesen Arbeitspaketen und dem definierten Meilenstein legen Sie nun die darauf folgenden Phasen fest. Diese sind naturgemäß etwas gröber skizziert als die erste Phase, weisen aber in die richtige Richtung. Damit hilft Ihnen der Plan, Ihre langfristigen Ziele im Auge zu behalten und Zwischenziele nicht überzubewerten.

Im nächsten Schritt geht es um die Dinge, die Sie Ihrem Ziel näherbringen – also um relevante Aufgaben, Kompetenzen, Eigenschaften, mögliche Fortbildungen und die – aus Ihrer Sicht – idealen Projekte für Ihren Karriereweg.

> Wenn Sie Ihr berufliches Ziel erreichen wollen, werden Sie Kompromisse eingehen müssen – auch hinsichtlich der Projekte, die Sie auf dem Weg dorthin unterstützen. Warten Sie keineswegs auf das ideale Projekt; es wird nicht kommen. Nutzen Sie lieber die Chancen, die sich durch anstehende Projekte bieten. Versuchen Sie, bei diesen die Rollen und Aufgaben zu bekommen, die Sie weiterbringen.

Sie werden schnell feststellen, dass Sie konkrete Vorstellungen davon haben, wie Sie Ihre Karriere optimal gestalten können. Bevor Sie jedoch durchstarten, sollten Sie noch einmal genau in sich hineinhören: Passen die Ziele und der Aufwand dafür zu Ihren weiteren Lebensbereichen? Können Sie die Ziele in dem vorgesehenen Zeitrahmen erreichen, ohne sich zu verausgaben? Sind Sie auf die neue Herausforderung vorbereitet? Ist Ihre Resilienz ausgeprägt genug für diesen Schritt? Folgende Fragen können Ihnen dabei helfen, dies für sich zu beantworten:

- Freuen Sie sich auf die vor Ihnen liegenden Aufgaben oder spüren Sie eher ein Unbehagen?

- Sind Sie dazu bereit, Ihren Karriereplan immer wieder den Realitäten anzupassen, also auch Umwege zu gehen und sich auf Verzögerungen einzulassen?

- Haben Sie genügend Kraft und Ausdauer, zusätzlich zu den Projekten und Ihren weiteren Aufgaben Ihre Karriere motiviert und gezielt weiter voranzutreiben?

- Ist Ihnen bewusst, dass Sie die treibende Kraft bei Ihrem weiteren beruflichen Werdegang sind, auch wenn Sie nicht unabhängig von Ihrem Arbeitgeber und den Kollegen agieren können?

- Haben Sie im und außerhalb des Unternehmens ein verlässliches und tragfähiges Netzwerk, das Sie beim Erreichen Ihrer beruflichen Ziele unterstützt?

- Sind Sie – unabhängig von Ihrer Vergangenheit – in der Lage, Ihren beruflichen Weg aktiv zu gestalten? Auch dann, wenn es ungeahnte Hindernisse, Rückschläge und Umwege gibt?

BEISPIEL

Als Marcus direkt nach dem Studium die Trainee-Stelle bekam, war er glücklich – und dies aus doppeltem Grund: zum einen konnte er in seinem Traumjob arbeiten, zum anderen war seine Freundin schwanger. Für Marcus begann damit eine der schönsten Zeiten seines Lebens: Tagsüber genoss er sein Berufsleben und all die neuen Herausforderungen, die das mit sich brachte, abends freute er sich darauf, nach Hause zu kommen und Zeit mit seiner kleinen Familie zu verbringen.

Nach einigen Jahren spürte er den Wunsch, sich beruflich weiterzuentwickeln, auch um die Familie weiter abzusichern. Zwar hatte er seit dem Studium zahlreiche praktische Erfahrungen gesammelt, auch im Projektmanagement. Aber irgendwie erschien ihm das eher beliebig zu sein. Um vorwärts zu kommen, brauchte er mehr. Und zwar nicht irgendetwas, sondern vor allem internationale Erfahrungen. Per Zufall traf er eines Tages seinen alten Schulfreund Dirk wieder, der sich als Coach selbstständig gemacht hatte. Mit ihm sprach er über seinen aktuellen Job und seine Wünsche für die Zukunft. Dirk bot ihm ein Coaching an, in dessen Verlauf sie die weitere Karriere von Marcus planten. Gemeinsam analysierten sie die aktuelle Situation, schauten sich die vorhandenen Fähigkeiten und Kompetenzen an und widmeten sich dem gewünschten Ziel. Anschließend erstellten sie eine Liste mit den Eigenschaften und Kompetenzen, die für den gewünschten Karriereweg fehlten. Erstaunt stellte Marcus fest, dass er bereits viele der benötigten Skills hatte. Was ihm bislang fehlte, war der Ehrgeiz, sie unter Beweis zu stellen. Als wenige Wochen danach unternehmensintern ein Leiter für ein internationales Projekt gesucht wurde, der genau diese Skills brauchte, sprach Marcus seinen Chef an und bat ihn um die Chance. Der reagierte zunächst skeptisch, ließ sich aber überzeugen. Sein Vertrauen sollte nicht enttäuscht werden: Marcus war Feuer und Flamme für die neue Tätigkeit und steckte sein Team mit seiner Motivation an. Im Unternehmen erhielt er Unterstützung durch sein Netzwerk, zu Hause durch seine Familie, die ihm nicht nur den nötigen Rückhalt gab, sondern ihn durch Interesse und Fragen bestärkte.

So unterstützt schloss Marcus das Projekt pünktlich und zu den vorgesehenen Kosten ab. Sein Chef war mehr als zufrieden und schlug ihm aufgrund dieser Erfahrung eine Beförderung inklusive einer Gehaltsanpassung vor – Marcus hatte sein Ziel erreicht.

Blick in die Glaskugel: die Kompetenzen von morgen

Dank Digitalisierung, Globalisierung und weiterer Megatrends ist nicht nur die Wirtschaft in ständiger Bewegung – die Anforderungen an Mitarbeiter nehmen ebenfalls stetig zu. Und zwar sowohl für Projektleiter als auch für Projektmitarbeiter.

Wer nicht vom sich immer schneller drehenden Rad der Veränderungen überrollt werden möchte, muss am Ball bleiben und sich weiterentwickeln. Dafür braucht er neben seiner fachlichen Kompetenz zunehmend auch Management- und Führungskompetenzen, unternehmerisches Denken und Handeln sowie fundiertes Projektmanagementwissen. Auch internationale Erfahrungen und interkulturelle Kommunikation werden immer wichtiger. Denn aufgrund der zunehmenden Internationalisierung der Projekte wird die Zusammenarbeit über Standorte und Landesgrenzen hinweg immer mehr zum Normalfall.

Projektmanagement mit Zertifikat

Wer eine Karriere im Projektmanagement anstrebt, sollte sich diesen Anforderungen bewusst sein und in die Weiterbildung investieren – möglichst mit der entsprechenden Zertifizierung. Damit belegen Sie nicht nur, dass Sie sich das Wissen angeeignet haben – Sie zeigen damit auch, dass Sie international anerkannte PM-Methoden beherrschen und anwenden können.

Weltweit anerkannt sind dabei die PMI®-Zertifikate (Project Management Institute), die heute schon als wichtiger Baustein einer Projektmanager-Karriere gelten. Damit ist der weltweit größte Fachverband für Projektmanagement seinem Ziel, einheitlich globale Normen und Qualifizierungen im PM zu etablieren, zumindest einen wichtigen Schritt nähergekommen. Die Zertifikate entsprechen dem Qualitätsstandard ISO 9001 und bescheinigen dem Inhaber, dass er Erfahrung, Ausbildung und die Befähigung hat, Projekte zu leiten. Vor allem in international agierenden Konzernen wird dieser Nachweis immer wichtiger.

Um das Zertifikat zu erhalten, müssen entsprechende Erfahrungen im Projektmanagement sowie Weiterbildungen nachgewiesen werden. Sie sind Voraussetzung für die Prüfung, auf die man sich mit einem Intensivseminar vorbereiten kann.

Alternativ kann in Deutschland seit einigen Jahren auch Projektmanagement studiert werden. Angeboten wird das berufsbegleitende Masterstudium z. B. von der Hochschule Ludwigshafen in Zusammenarbeit mit der Tiba Business School.

Unternehmerisches Denken und Handeln

Je komplexer Projekte werden, umso wichtiger ist es, den Überblick zu behalten. Dies gilt für die einzelnen Projektphasen und Arbeitspakete, aber auch für das Budget und die Zeitpläne. Projektleiter von morgen müssen aber noch mehr können: Sie müssen vorausschauend denken. Dazu gehört es unter anderem, Risiken frühzeitig zu erkennen und bei Bedarf gegenzusteuern. Allein dies ist eine komplexe Aufgabe, weil es unzählige Situationen gibt, die Risiken bergen, wie das folgende Beispiel und dessen Varianten zeigen.

BEISPIEL

Für die Entwicklung eines neuen Pkw-Modells wurde ein wichtiges Teil von einem Zulieferbetrieb eingekauft. Allerdings wird die Lieferkette aufgrund von Unruhen im Gebiet des Produktionswerks unterbrochen.

Variante: Der Hersteller ist nicht fair und verkauft trotz einer exklusiven Entwicklungspartnerschaft dieses besondere Teil auch an den Wettbewerber, der daraufhin günstiger produzieren kann – er hat ja die Entwicklungskosten nicht.

> Variante: Nach dem Vertragsschluss mit einem Unternehmen entdeckt man, dass ein anderer Hersteller die Teile qualitativ noch besser und zudem günstiger produziert.

Der Projektleiter von morgen muss sämtliche Aspekte und Risiken des Projektes ständig im Blick haben und bei Bedarf entsprechend reagieren. Aufgrund der zunehmenden Komplexität der Projekte wird er diese Aufgabe nur mit Unterstützung seines Teams leisten können.

Changemanagement

Projekte sind immer auch Veränderungen. Wie jeder andere Change auch, müssen sie entsprechend begleitet und gemanagt werden. Eine Herausforderung ist dabei die Tatsache, dass Veränderungen immer auch mit Emotionen – und hier sehr häufig mit Angst – verbunden sind. Zusammen mit den Änderungen, die ein Projekt für das Unternehmen und den Projektpartner bedeutet, bringt dies eine große Verantwortung für den Projektleiter mit sich.

Changemanagement beinhaltet dabei auch Wertemanagement, Personalführung und Kommunikation. Ein Projektleiter muss abschätzen können, wie einzelne Teammitglieder, aber auch das Team selbst auf die Veränderungen reagieren, ob es Konfliktpotenzial gibt und wenn ja, wie er am besten damit umgehen kann.

Marketing

Zum unternehmerischen Handeln gehört auch das Marketing für das Projekt. Dabei wird der Begriff Marketing hier bewusst weit gefasst. Marketing in diesem Sinne steht für alle Maßnahmen, die die interne und externe Unterstützung für das Projekt sichern. Dies werden in erster Linie Gespräche, Dokumentationen und Berechnungen sein. Aber auch die Berichterstattung in internen Medien, im Intranet oder in den Medien des Projektpartners zählen dazu.

Projektleiter müssen hier ein Gefühl dafür entwickeln, wie viel Marketing für das Projekt und die eigene Reputation gut ist und wann ein Zuviel schädlich ist.

Personalführung

Auch wenn Projektmanager keine direkte Personalverantwortung haben, müssen sie künftig mehr als zuvor Menschen motivieren und leiten können. Vor dem Hintergrund der zunehmenden Erwartungen und Anforderungen, denen jeder einzelne Projektmitarbeiter ausgesetzt ist, gilt es frühzeitig zu erkennen, ob Mitarbeiter überfordert sind, es zu Konflikten kommt oder gar jemand aufgrund der zusätzlichen Belastung innerlich kündigt oder kurz vor dem Burn-out steht.

Auch hier ist Weitblick und unternehmerisches Denken gefragt. Denn egal, wie wichtig das Projekt für den Kunden oder auch die eigene Reputation ist: das Wohl des Unternehmens und der wichtigsten Ressource, der Mitarbeiter, geht immer vor. Erst an zweiter Stelle kommt der Projekterfolg. Für den Projektleiter bedeutet dies, dass er im Zweifelsfall eine Entscheidung treffen muss, die auf den ersten Blick gegen das Projekt zu sein scheint.

Interkulturelle Kommunikation

Bedingt durch die Zusammenarbeit von Menschen aus verschiedenen Kulturen, mit unterschiedlichen Wertvorstellungen und religiösen Ansichten steigt die Gefahr der Missverständnisse. Damit erhöhen sich auch die Risiken für das Projekt. Während wir in der Regel für diese Problematik bei länderübergreifenden Projekten sensibilisiert sind, vergessen wir häufig, dass es schon innerhalb eines kleinen Teams am Standort zu interkulturellen Missverständnissen kommen kann. Denn auch, wenn wir alle in einer Stadt oder einer Region aufgewachsen sind, können wir durch unser enges Umfeld sehr unterschiedlich geprägt sein – sowohl hinsichtlich unserer Werte als auch in puncto Religion.

In den Bereich der interkulturellen Kommunikation gehört aber auch die unterschiedliche Art, wie wir uns Wissen aneignen und wie wir es mit anderen teilen. Ein Bewusstsein dafür zu entwickeln, ist unter anderem wichtig, um ein Gefühl dafür zu bekommen, ob besprochene Inhalte wirklich verstanden wurden – oder ob unser Gegenüber einfach nur freundlich sein wollte.

Auch gilt es ein Verständnis für die unterschiedlichen Arbeitsweisen zu entwickeln: Während die einen an mehreren Aufgaben parallel arbeiten (polychron), bevorzugen andere Kulturen den Ansatz, eins nach dem anderen zu tun (monochron). Menschen mit monochroner Arbeitsweise teilen ihre Zeit ein, nehmen Verpflichtungen ernst und arbeiten methodisch. Menschen mit polychroner Arbeitsweise gehen weniger planvoll vor und erledigen oft viele Dinge gleichzeitig.

Die unterschiedlichen Perspektiven, die sich durch einen Mix aus Kulturen, Religionen und Erfahrungen ergeben, als Chance zu sehen und zu nutzen, wird für international agierende Unternehmen zunehmend zu einer wichtigen Wettbewerbschance werden. Projektleiter können dies für sich und das Projekt nutzen. Dazu müssen sie jedoch lernen, Fettnäpfchen zu umschiffen und potenzielle Konflikte untereinander zu entschärfen.

Persönliche Eigenschaften

Neben den fachlichen Kompetenzen werden auch Soft Skills im Projektmanagement immer wichtiger. Fast schon selbstverständlich zählen dazu Neugier und Weltoffenheit, ohne die weder Veränderungen bewirkt werden können, noch eine internationale Zusammenarbeit möglich ist. Kombiniert mit Ausdauer, Optimismus, Zielstrebigkeit, Ehrgeiz und Flexibilität bringen Sie die richtigen Eigenschaften mit, um sich weiterzuentwickeln und Ihrer Karriere als Projektleiter den richtigen Schub zu geben.

Haben Sie zudem noch Ihre Resilienz im Blick, sind Sie auch auf stürmische Zeiten im Projekt bestens vorbereitet.

Auf einen Blick: Nach dem Projekt ist vor dem Projekt

- Projekte sind anstrengend. Sie kosten Nerven und viel Energie. Ist ein Projekt abgeschlossen, sollten Sie Ihre Energiereserven erst wiederauffüllen, bevor Sie neu durchstarten.

- Endet ein Projekt, ist der Zeitpunkt für einen Rückblick gekommen. Was lief gut, was geht noch besser? Nur wer Vergangenes reflektiert, kann für die Zukunft lernen.

- Wohin soll es gehen? Stellen Sie sich diese Frage ganz bewusst, bevor Sie sich ins nächste Projekt stürzen. Nicht nur ein Projekt braucht einen Plan, sondern auch Ihre Karriere.

Literatur

Amann, Ella Gabriele: Resilienz. Haufe 2015.

Buchacher, Walter/Kölblinger, Judith/Roth, Helmut/Wimmer, Josef: Das Resilienz-Training: Für mehr Sinn, Zufriedenheit und Motivation im Job. Linde International 2015.

Dugay, Nicolas/Petitjean, Ingrid: Das kleine Übungsheft – Gelassen Ziele erreichen. Trinity 2016.

Heller, Jutta/Pannen, Kai: Das wirft mich nicht um. Mit Resilienz stark durchs Leben gehen. Kösel 2015.

Weiss, Alessia: Resilienz: Mehr Widerstandsfähigkeit im Alltag. e-Book 2016.

Wellensiek, Sylvia Kéré: Handbuch Resilienz-Training. Widerstandskraft und Flexibilität für Unternehmen und Mitarbeiter. Beltz 2011.

www.impulse.de/management/selbstmanagement-erfolg/resilienz-staerken/2817334.html: Wie Sie Krisen besser durchstehen

Stichwortverzeichnis

Impressum

Bibliografische Information der Deutschen Nationalbibliothek
Die Deutsche Nationalbibliothek verzeichnet diese Publikation in der Deutschen
Nationalbibliografie; detaillierte bibliografische Daten sind im Internet über
http://dnb.dnb.de abrufbar.

Print: ISBN: 978-3-648-09449-5   Bestell-Nr.: 10732-0001
ePub: ISBN: 978-3-648-09450-1   Bestell-Nr.: 10732-0100
ePDF: ISBN: 978-3-648-09451-8   Bestell-Nr.: 10732-0150

Cornelia Wüst
Survival-Kit für Projekte – Überlebensstrategien für Projektleiter
1. Auflage 2017, Freiburg

© 2017, Haufe-Lexware GmbH & Co. KG, Munzinger Straße 9, 79111 Freiburg
Redaktionsanschrift: Fraunhoferstraße 5, 82152 Planegg/München
Telefon: (089) 895 17-0
Telefax: (089) 895 17-290
Internet: www.haufe.de
E-Mail: online@haufe.de
Redaktion: Jürgen Fischer
Redaktionsassistenz: Christine Rüber

Konzeption, Realisation und Lektorat: Nicole Jähnichen, www.textundwerk.de
Satz und Druck: Beltz Bad Langensalza GmbH, Bad Langensalza
Umschlag: Kienle gestaltet, Stuttgart

Die Autorin

Cornelia Wüst

Die Geschäftsführerin der Tiba Coaching GmbH, München, verbindet als Coach für Projektleiter, Führungskräfte und Teams praktische Wirtschafts- und Kommunikationskompetenz mit den Kompetenzen aus der Humanistischen Psychologie und Psychosomatik. Die Diplom-Betriebswirtin verfügt über zahlreiche Weiterbildungen und überzeugt vor allem durch die breite und langjährige Aus- und Weiterbildung als auch durch ihre praktische Felderfahrung als Unternehmerin, Führungskraft, Managerin, Beraterin, gefragte Kommunikationsstrategin sowie als Workshop-Leiterin und Coach in der Führungskräfte- und Teamentwicklung.

Weitere Literatur

»Agiles Projektmanagement«, von Jörg Preußig, 240 Seiten, EUR 9,95, ISBN 978-3-648-06517-4, Bestell-Nr. 10708

»Lernen aus Fehlern«, von Elke Schüttelkopf, 128 Seiten, EUR 7,95, ISBN 978-3-648-06704-8, Bestell-Nr. 01362

»Resilienz in der Unternehmensführung«, von Karsten Drath, 447 Seiten, EUR 39,95, ISBN 978-3-648-08183-9, Bestell-Nr.: 01069

Haufe TaschenGuides

Kompakt, günstig und einfach praktisch

Soft Skills

- Achtsamkeit in Beruf und Alltag
- Auftanken im Alltag
- Beziehungskompetenz im Job
- Burnout
- Die Kunst der Selbstführung
- Downshifting
- Emotionale Intelligenz
- Entscheidungen treffen
- Gedächtnistraining
- Gelassenheit lernen
- Gewaltfreie Kommunikation
- Ihre Ausstrahlung
- Körpersprache
- Lampenfieber und Prüfungsangst besiegen
- Lernen aus Fehlern
- Loslassen
- Manipulationstechniken
- Menschenkenntnis
- Mit Druck richtig umgehen
- Mut
- NLP
- NLP im Berufsalltag
- Optimistisch denken
- Pausen machen munter
- Positive Psychologie
- Psychologie für den Beruf
- Resilienz
- Selbstcoaching
- Selbstmotivation
- Selbstvertrauen gewinnen
- Sich durchsetzen
- Soft Skills
- Souveräner Umgang mit schwierigen Zeitgenossen
- Stress ade
- Überzeugungskraft
- Willensstärke
- Ziele erreichen

Jobsuche

- Arbeitszeugnisse
- Assessment Center
- Jobsuche und Bewerbung
- Vorstellungsgespräche

Management

- Agiles Projektmanagement
- Aktivierungsspiele für Workshops und Seminare
- Checkbuch für Führungskräfte
- Compliance
- Delegieren
- Führen in der Sandwichposition
- Führungstechniken
- Konflikte erfolgreich managen
- Mitarbeitergespräche
- Mitarbeitertypen
- Moderation
- Neu als Chef
- Neuroleadership
- Personalmanagement
- Projektmanagement
- Selbstmanagement
- Seminare, Trainings und Workshops lebendig gestalten
- Spiele für Workshops und Seminare
- Spielregeln des Erfolgs
- Survival-Kit für Projekte
- Teams führen
- Workshops
- Zeitmanagement
- Zielvereinbarungen und Jahresgespräche

Wirtschaft

- ABC des Finanz- und Rechnungswesens
- Balanced Scorecard
- Betriebswirtschaftliche Formeln
- Bilanzen
- BilMoG
- BWL Grundwissen
- Buchführung
- BWL kompakt
- Controllinginstrumente
- Englische Wirtschaftsbegriffe
- Erfolgreich mit Social Media
- Finanz- und Liquiditätsplanung
- Finanzkennzahlen und Unternehmensbewertung